简

哲

单

Simplify
Your Inner Life

（法）查尔斯·瓦格纳◎著 陈明◎译

学

的

中华工商联合出版社

目　录

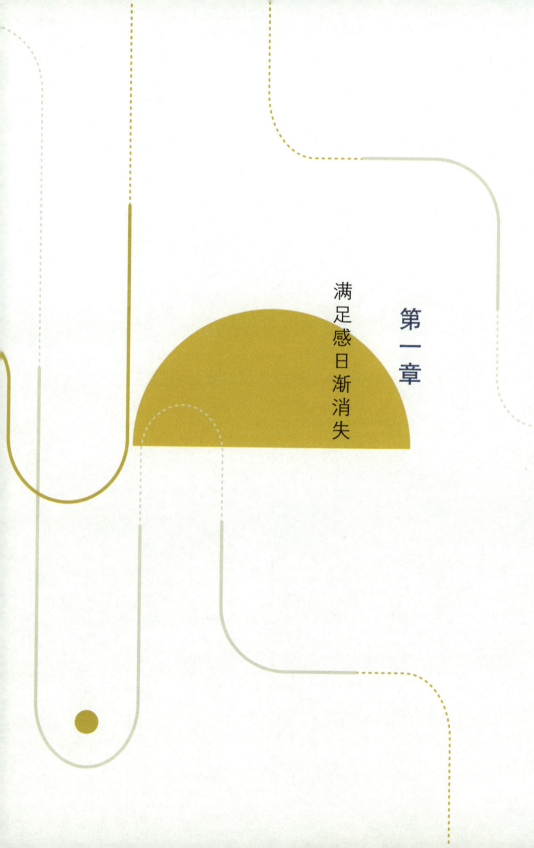

第一章

满足感日渐消失

布兰切特家的婚礼

　　现在，布兰切特家可真是忙疯了，可那一定是有缘由的，毕竟下个星期二，伊凡小姐就要出嫁了，而今日已经是星期五了！

　　客人们一个个地带着礼物登门拜访，家里面的客人来来往往，佣人们都忙得不可开交。

　　布兰切特一家子就更繁忙了，完全无法静下来安安稳稳地生活。早上，他们需要和婚礼服装设计师、婚礼策划、珠宝首饰设计师、婚房设计师，还有管理婚宴食品的厨师商量事宜，然后还要立刻赶到各个地方去办理各类事务，一边排着队，一边怔怔地等待着工作人员整理资料。

　　如果运气好的话，事情做完以后还可以挤出些许时间，回家梳妆打扮一下，前往友人们的各种宴席，如订婚宴、朋友聚会、婚庆典礼、婚后聚餐，还有舞会等。

　　回家的时候差不多已是半夜，他们身心疲惫，但又不得不赶紧处理大量的事务，内容涉及婚礼卡片、祝贺词和礼品的准备、伴娘的

▲ 当事情的复杂程度超出我们的预料，
我们将会失去对生活节奏的掌控。

人选，还有接待人员的道歉、工作人员为迟到找的借口等。

　　另外，还要慎重选择婚礼最后时刻放的音乐，以及避免出现任
何不期而至的、扰乱婚礼的坏消息，譬如女歌手因为得了重感冒而无
法出席婚礼，或是在婚礼现场无法放声歌唱的尴尬事件。

　　布兰切特这一大家子真是值得同情，他们实在忙不过来了。显
然，事情超出了他们的预料，失去了控制。

祖母的智慧

布兰切特家这种忙碌的节奏已持续一个月之久。他们毫无喘息的机会，在忙碌的间隙凝神思量起来："不不不，不应该这样，日子可不应该是这样啊。"

幸运的是，他们还有个屋子，那屋子是属于家中老人的。

祖母已经80岁高龄了，经历了生活的种种，始终安然地面对着这个世界。她安静地坐在摇椅上，一个人沉浸在思考之中，那个画面是如此祥和。即使门外波涛汹涌，她的房间里依旧一片平静。在祖母的房间周围，没有嘈杂的说话声，没有匆忙的脚步，正因如此，在感到烦躁害怕的时候，家人们就会走进祖母的房间。

"哎哟，让人心疼的孩子们啊！"她对新婚夫妇说，"你们一定累坏了吧，快好好休息一下，先静下心来。外面的事情啊，没什么要紧的。你们不要耗费太多精力在那上面，那是不值得的。"

年轻的新婚夫妇内心也很清楚，在最近的几个星期里，他们已经没有时间谈论"爱情"了，一大堆的宴会仪式相关的杂务已经霸占

▲ 我们以为，某些选择将会决定命运的走向，
实际上它只是命运海洋中泛起的微波。

了他们所有的时间。

就这辈子来说，这个阶段是十分重要的，然而命运好像故意想让他们将精力放在那些无关紧要的事情上。

因此，两人在听到祖母如此温婉的讲述时，都连连点头。

祖母对他们说：“孩子们，我们现在生存的这个世界愈加复杂了。但是，人们并未因此而获得更多的欢乐，甚至越来越不快乐了。”

人世复杂

对于布兰切特家祖母所说的话，我很是赞同。

从降临人世，直至离开这个世界，不管是内心需求，还是自我偏好；不管是世界观，还是自我认知，我们似乎都在纵横交错又漫无边际的蜘蛛网上挣扎着。

所有的事情都变得复杂了，思考变得复杂了，行动也变得复杂了，就算是娱乐和死亡，亦复如是。我们不断地为生命制造着各种困境，我们的满足感日渐消失。

在我看来，很多人都因纷乱的生活而痛苦不堪，若是能站出来替他们说几句，将他们内心的不满和压抑都讲出来，他们定将无比高兴。

如今的生活总是繁多复杂的，物质需求越来越多。

人们的需求随着资源的增加而增长，这个事情本身其实并不怎么坏，因为人内心有一定的需要，是一种进步。

认识到洗澡的必要性，想要穿上干净的衣裳，想要生活在洁净的房间里，想要吃一些利于健康的食物，想要令内心更加充实，诸如此类的表现都说明，我们希望生活能变得更美好。

然而，有些欲望是顺应发展的，值得大家追求的，但还有些欲望，则是会招致灾难的。

倘若祖先们具有先知先觉的本领，那么他们便会洞察到，人类终有一天能获得维持物质生活的能力和方法，终将变得独立坚强，他们会因此而欢喜雀跃，并积极地跳出世事的圈套，放弃各种世俗的争斗。这时，或许他们会觉得，生存不过如此，在这种情况下，他们可能会更重视道德这件事。然而，人类的发展轨迹显然不是这样的。

今天的我们，没能获得美满和欢愉，也没能享受到至亲之情，道德的发展也停滞不前。难道我们比前人更知足吗？不再为将来殚精竭虑了吗？

事实上，在生活中，很多人都不满意自己的人生道路，他们的精神已经被物欲侵占，而且总是在担心将来。

知足常乐

和先人相比，我们更加注重衣食住行，但实际上，大多数人根本不需要为温饱之事忧心。只有那些"没钱的人才会整天为吃喝发愁"，这种想法显然是不正确的。

有很多人，并不贫穷，却生活在惶恐之中，就好像自己明天就会没有饭吃、没有地方住。对他们来说，有这样的烦恼也不是没有道理的。注意看看那些生活得极为舒适之人，你会发现，就算那些人由于"已拥有"而获得了很多满足感，却还是会因为"得不到"而产生无尽的懊悔，从而浪费自己的时间。

去看看那些有钱人在面对财富和奢侈品时的惶恐之态吧，你就会恍然大悟的。衣橱里唯有一件服装的女子，是不会天天发愁该穿什么的；那些仅能维持日常生计的人们，也不会老是琢磨每顿饭要吃些什么。不难看出，人的欲望会由于满足感的加强而增多。

"得到的越多，想要的就越多。"

▲ 我们并没有我们想象的那么贫穷，
只有一件衣服的人是不会发愁明天该穿什么的。

焦虑

　　有这么一个显而易见的规律，生活得越稳定之人，就越会一个劲儿地担心将来，甚至总琢磨着要怎样保护儿女，甚至后代子孙。

　　在生活中，我们所要考虑的事情实在太多了，就连一丝细节也不放过。我们的生活因此而充斥了焦虑，而这种焦虑在条件和强度上会因人而异。那种心态很复杂，如同一个被惯坏的小孩，他可以获得一时的满足，但实际上，他是永远也不会知足的。

冲突

和过去相比，人们在生活中得不到更多的快乐，自然也就难以明白和平与友好的意义。欲望多了，人与人之间的冲突也就多了。那些由于不正当的企图而引发的矛盾，就会越来越尖锐和强烈。

弱肉强食的自然生存法则纵然无情，却是永恒真理。所谓的无情，只是最基本的表现罢了——物欲横流的世界里充满了竞争，有的人野心勃勃，有的人争权夺利，还有的人穷奢极欲，这些都是"自然法则"之外的事。

为温饱而奋斗的人，不会放任内心的妒忌和欲望，无限地追求玩乐。自我主义思想越严重，危机也就越大。在当今时代，我们能明显地感受到，**人与人之间的敌意与日俱增，人们的内心越来越浮躁，比历史上任何时候都不得安宁。**

善意

人们对外部世界的关注，源于美好品德的基础，难道不是这样吗？

可是，如果人们在关注外部世界时，一味地追逐物质生活，为了满足自身需求而争名夺利，抱怨连天、牢骚不断，并且总是异想天开的话，美好品德又何从谈起呢？

如果人们被欲望折服，放纵一己私欲，最终只会将自己拖垮。

当欲望控制了人们的心智，善意便会荡然无存，最后的结局只会是，人们将善恶不分，更谈不上善言善行了。如果我们选择了屈服，内心世界就会变得混乱不堪，外部世界也会随之变得混乱无序。

在充满善意的生活中，人能掌控自身，然而在缺乏善意的生活里，人会掉入欲望和冲动的牢笼。这样一来，原本充满善意的生活就会被逐渐吞噬，一切判断标准都会失去效用。

财富

那些被大大小小的欲望所控制的人们，会认为财富才是最高级别的"善"，才是美好生活的开端。

不可否认，人们总会激烈地争论着财富分配的问题，并因此而产生了仇富心理，还对财产权的说法嗤之以鼻，特别是在社会贫富差距较为突出的时候，这种事情常常发生。

嫉妒他人富有并心生怨恨，恰恰说明了我们自身有多么渴望能拥有财富。

最终，金钱将成为衡量所有人与事的唯一标准，利润高的东西就是好的，卖不出去的产品毫无价值，一贫如洗的人不值一提。世人不再视"君子爱财，取之有道"为美德，相反却对不义之财——无论来源有多么不正当——趋之若鹜，不择手段。

或许会有人反对说："你这样无端地指责社会的进步，最终只会让时代倒退，让人们又过上清修苦行般的生活。"

绝非如此。

我们无法让时代倒退，那种想法只存在于乌托邦；想要让生活变得美好，脱离常识是无效之方。

我只不过是想戳穿人们的愚蠢想法——他们认为，物质和财富能让生活更美好，让心情更愉悦。这种想法是错误的。

同时，我希望能找到追寻美好生活的方法途径。建立在物质基础上的社会准则是虚幻的，它蒙蔽了人们的双眼。堆积如山的不义之财让人们愈加快乐不起来，更让人格受到了侵害。此类现象在我们的社会中随处可见，不胜枚举。

精神价值决定了文明价值，倘若人类的道德有所缺失，所谓的文明进步，只会让坏事变得更坏，继而引发社会问题。

教育

自欺欺人的社会教条不仅作用于生活的物质层面，还会作用于生活的其他方面。

伟大的先知们留下这样的话：若要让万恶的人间变成神的府邸，须将暴政、无知和贫穷三者齐齐推翻——这三股令人畏惧的力量总是"同流合污"。直到现在，传道之人仍在散播着诸如此类的"喜讯"。不过，如我们所见，人们在推翻了"贫困"这座大山之后，并未获得更好的生活，也没有变得更加快乐。

那么，如果我们把精力都倾注在教育上，能不能实现当初的美好愿望呢？

仍然不能。

这个答案让教育家们深感挫败，失去了自信。如此说来，不如关停学校，摒弃教育，让人们不听不看，又怎么样？

绝对不能这么做。

和众多新时代的发明一样，教育说到底不过是一个工具。这世上的每一件事，都离不开那些懂得灵活运用工具之人，而工具是好是坏，全看人怎么去用它。

犯罪之人，还有那些蠢笨之人，常拿自由做借口，这种时候，这样的自由是真的自由吗？自由存在于高尚无暇的精神世界，人们只能依靠自身的努力，逐步去实现。

准则与真理

一切生命，皆有规律。和别的生物相比，人类的生命可谓更加珍贵，更加精密。

在人类身上，规律先是来自外界，而后渐渐内化。

当人们意识到内心世界的准则，并主动去遵循，便会产生敬畏之心和谦卑之心，从而找到自由的方向。

如若内心世界的准则不够强大，不够独立，人就会迷失方向，变得浑浑噩噩，甚至疯疯癫癫。遵从内心准则之人，绝不会屈服于外界强权，这就像破壳而出的小鸟，绝不会回到蛋壳中求安稳；不过，那些掌控不了自我的人，是无法展翅于自由天空的，这就像尚未长大的小鸟，还得躲在避风港里。

这是很简单易懂的道理，被历史不断地验证着，从人类面前划过，然而，却很少有人真正懂得它。在民主的国家中，不管是贵族还是平民，有多少人能理解和遵循这个至关重要的真理呢？

自由，即尊重；自由，即遵从内心准则。而这个准则并不是权贵者的伎俩，也不是平庸者的幻想，而是能掌控自我之人的必经之路。由此看来，是否应该对自由加以限制呢？自是不必，不过，人类需要知道如何在道德允许的范畴内行使自由的权利。若非如此，我们的生活将会受到严重的冲击，社会纪律会遭到破坏，人们的行为将更加失去控制，最终，人类将陷入一片混乱之中。

分清主次

如果重新审视一下那些让生活越来越复杂、破坏我们美好生活的因素，然后追根溯源，我们不难发现，它们都是一脉相承的，源头只有一个：错误地把次要问题视为根本问题。不管是舒适的物质生活，还是教育，抑或是自由，甚至是人类文明，都好比绘画作品的外框，而非作品本身。

这就如同身穿军装的不一定是军人，穿着工服的不一定是工人。作品不仅是人的表象，还是人的心灵、品质和精神的显现。有些人一心追求着画框的华丽，却忽略了作品本身的重要性，甚至因为看上去不够精致而亲手毁了那幅画。

换句话说，人类徒有其表，精神早已堕落。有些人所拥有的都是一些无足轻重的东西，而那些至关重要的事物，在他们身上寥寥无几。

人类渴求得到爱，渴望实现自身愿望，希望能实现自我价值。这些欲望都是人类生存的根基。若是被这些欲望扰乱，不重要的人和事

▲ 有些人追求的很多事情都只是徒有其表，
　却不知自己究竟错过了多少美好。
　他们追求精美的画框，完美的灯光，
　即使世界名画《呐喊》就在隔壁也毫不关心。

就会乘虚而入，拖累人生，夺走人生的光明和希望，给人带来极致的痛苦。

　　人们需要寻找到真正意义上的简单生活，在认清重点的基础上才能重获自由，人生才能重新焕发出光彩，一切人和事才能回归到本位。

灯，何以成为真正有价值的灯？不在于精雕细琢，不在于材质金贵，而在于它是否能为我们带来光明。

人要成为真正意义上的人，不在于财富多寡、享乐多少，不在于才智高低、造诣深浅，更与名利地位无甚关系，而在于内心的善意。

坚定

　　无论在哪个历史阶段，人们都不能忽略内心力量只靠外部世界生存，哪怕外部世界构建在知识和工业发展的基础之上。世界不停地改变着，知识在进步，物质生活也在进步。这些改变是不可避免的，说来就来，有时候还深藏危机。

　　对人类而言，身处这瞬息万变的世界之中，理应认认真真地对待每一天，为自身目标努力奋进。

　　不管朝向何方，想要到达彼岸，就必须坚持自我，尤其是在迷茫之时，切忌被那些无关紧要的人和事拖累。一直朝着光明前方，一直秉持着坚定的信念。只有这样，才不会忘记初衷——不断追求进步，无论代价几何。

　　那么，就让我们放弃不必要的包袱，轻松地走在人生之路上吧。

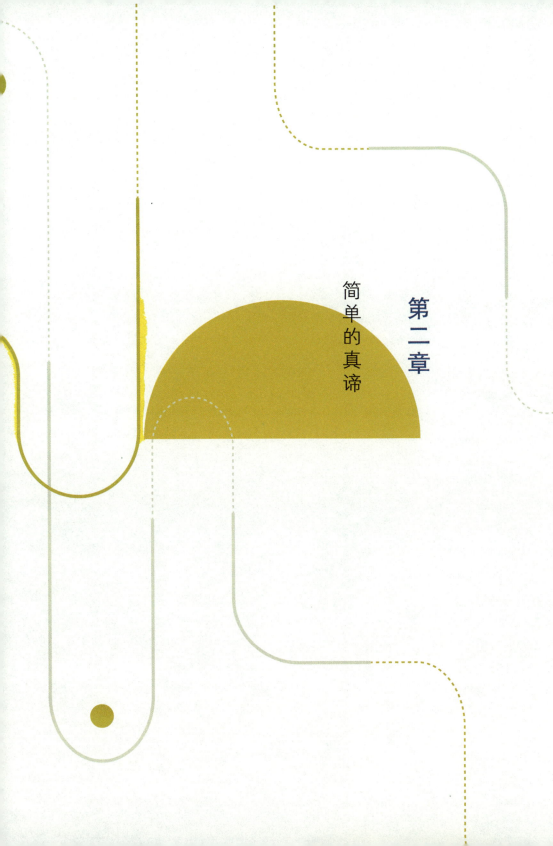

第二章

简单的真谛

简单的外部特征

怎样才能真正地回到简单生活？

在考虑这个问题之前，我们先从本质上对"简单"下一个定义是非常有必要的。

我们之前提到，人们总是将主要问题和根本问题混为一谈，无法认清实质和形式之间的差别。人们坚信，简单会呈现出一定的外部特征，而且这些外部特征是可以看得到的。所有的外部特征组合在一起，就形成了人们所说的"简单"。

换句话说，人们认为简单总是和卑微的地位、破烂不堪的衣着、寒酸的住所、小额的资产等贫穷的象征形影不离。但事实并非如此。就在刚才，我和三个路人擦身走过：一个人在乘车坐着，其余两人走在路上，其中一个行人还打着赤脚。

我们不能断定，赤脚之人的生活定是三者中最为简单的；那个乘车之人，虽说看起来身份显贵，但他的为人也有可能是诚挚的，并不一定是唯利是图之辈；穿鞋走路之人，或许并不妒忌乘车之人，也没有看不起那个赤脚行人。

再来看那些穿着简陋、风尘仆仆的路人，倒有可能是游手好闲之徒。他们不想工作，又不勤俭，好逸恶劳。

如此说来，要说最不简单、最不刚正之人，当属那些职业乞丐、阿谀奉承之辈以及妒忌他人之人。简单来说，他们最大的心愿便是：不择手段地捕获"猎物"，并从"猎物"身上搜刮一切能获得的利益，永不停歇。

▲ 职业乞丐是最不值得同情的，他们好逸恶劳，
看似简单地获得了生活的资本，却离简单的生活越来越远。

那些放荡不羁之人、骄奢淫逸之人、软弱胆怯之人、老奸巨猾之人，从不关注自身的生命状态。

人们需要注重的是内在，外在的穿着打扮并不能说明什么。任何阶层的人和事都是很复杂的。比方说，一件衣裳看起来简单朴素，但这并非意味着它的材质就是天然的。简单的房间不一定是茅草屋，不一定是小阁楼，也不一定是寡淡的修道院，抑或是简陋的小船屋。

在任何的社会形式之下，任何社会阶层之中，总有人活得很简单，也总有人活得不简单。我们的意思并非说，"不明显的迹象"就意味着简单，而那些迹象也不一定就背离了内心准则，改变了个性，改变了原本的生活方式。简单的外表绝不等同于本质，更不等同于深层且完整的内涵。有时候，简单的外在表象或许是极为隐秘的。

简单，其实是一种心态，同时，还属于生活目的之一。在生活中，人最为关心的是如何实现自我价值，当成为诚实坦率、朴实无华之人时，人就具备了简单的心态。这和我们所想的或许不太一样，但的确也是说起来容易做起来难。

简单的真谛，是目标和行为都要符合规律和准则，成为应该成为的人就可以了。鲜花就是鲜花，燕子就是燕子，岩石就是岩石，人就应该是个人，不该是狡猾的狐狸、胆小的野兔、贪婪的野猪、凶猛的禽兽，而这，便是世界的意义所在了。

高尚的品德

在自然界中，生命质量和能量的转变，都和某个目标息息相关。低等原生的物质会向高级别转化。

不过，人类这个生命体却不完全是这样的。人类想要的是，有朝一日超越"生命"，凌驾其上。我们可以将人的存在视为某种材料，打个比方：和材料本身相比，它能够成为什么才是最关键的，这就如同艺术品价值的高低取决于工匠手艺的高低。我们身怀不一样的潜能来到这个世界，有些人是带着"金子"出生的，有些是"岩石"，也有些是"大理石"，但绝大多数是"木"或"土"。

我们需要做的，便是将这些材料好好利用起来，将其加工成形。

所有人都清楚，即使是最为珍贵的材料也是有可能被糟践的，而那些名垂千古的佳作有可能出自平凡的双手。艺术便是用短暂的形式留下了永恒的思想。

真正的生活存在于日常。不管做什么事情，都不要忘记践行高尚的美德。如此这般的生活方式，在社会中或许会显得"特立独行"，但要知道，那些不平凡的潜能是可以创造出高尚美德的。个体生命价值的体现，不在于运气的好坏，也不在于优缺点有多少，而在于个体是否执着。名利会随着时光的流逝逐渐消失，生活的品质才是真正的宝藏。

简化

毋庸置疑的是，简单的生活是需要付出一定的努力才能够获得的。简单的心态并非与生俱来，它是人们辛勤奋斗的结果。

简单的生活，是崇高的理念，其核心是简化。科学，是在大量事实的基础上被推断出来的最终准则，让科学浮出水面，人类付出了巨大的努力！

长达几个世纪的研究，凝结出简单明了的科学规律。在这个层面上，生活中的道德和科学存在很多相似的地方。道德形成之初，一片混乱，人在其中找寻自我，想办法弄清楚自身情况。

在探索的路上，人类会经常出错。但是，只有通过那些努力，再加上对自我的严格要求，才能够看透自己的人生。然后，生活的准则会呈现在我们的面前，那便是"请完成你的任务"。对这个任务视而不见，或者关注于旁门左道的人，就会找不到存在于世的意义。不管是利己主义者，还是享乐主义者，抑或是充满野心之人，都是如此。他们消耗着自己的生命，直至失去生命，相反，任何一个人，要是能够让自己服务于比自身更加好、更加高级的事物，那么，他就可以通过给予来拯救自己。

尽管道德看起来相当武断，似乎在侵蚀着生活的乐趣，但它的存在是有意义的，能够避免我们养成不好的习惯，碌碌无为地度过一生。这也便是为什么它总是以相同的话语，将所有人引导上了同一条道路。它告诉世人"不要空虚地度过这一生"，不要浪费生命，要让生命盛放灿烂的花朵，学会慷慨付出，不要让自我被吞噬掉！

这些是人类对历史的总结，每个人都理应将其变成自身经验，它是极为珍贵的。在经验的照耀下，人们会更加确定自身前行的方向。

内心的准则

在找到方向的时候，内心准则将会告诉你前方最正确的一条路；过往那种犹豫不决的心态会转变为简单质朴的心态。内心准则始终指引着人们，并不断发展着。在道德的感化下，经过事实的论证，人们的看法和习惯也会随着时间的流逝而发生变化。

人若是认清了生活中真正美好且崇高的事物，并投身于为真理、正义和友爱而斗争的神圣事业，纵然会遭遇艰难困苦，但内心始终会保持简单的状态，逐渐地，所有的事物都会臣服于这种强大而持久的能量。人的思想中会慢慢形成一个逻辑顺序，能辨别出根本的要求和不重要的要求，而这个逻辑顺序得以形成的前提是，人必须抱有简单的精神。

我们可以将这种内心活动比作军队组织。一支军队要想变得强大，首先要纪律严明，这种纪律除了服从上级领导的命令之外，更重要的是，全军上下理应众心一致，追求共同的目标。纪律如果是不严明的，军风便会一塌糊涂。下级士兵绝对不能命令将军，这便是纪律。看一看我们的生活，每每在事情不顺利或出现错误的时候，各种纷争便登门而来，之所以会这样，皆是由于"士兵给将军下达了一些不应该下达的命令"。若我们懂得了如何遵从内心法则，所谓的烦恼就会消失得无影无踪。

▲ 遵守内心的准则，身体各部分才能团结一致，做好事情。
没有内心准则的人就像没有纪律的军队，是没有办法打胜仗的。

这个世界上一切美丽的事物，还有一切力量，一切真心欢喜，一切安抚人心之事，都让我们充满希望，为我们昏暗的道路投来光明，让我们在贫穷的时候能秉持自己的明确目标，相信未来充满希望。当然，这都是由那些心态简单之人带给我们的启发，他们明白什么才是崇高的生活目标，不会去追求转瞬即逝的欲望和虚荣心所带来的满足感。因为，他们非常明白，生活的艺术在于贡献和付出。

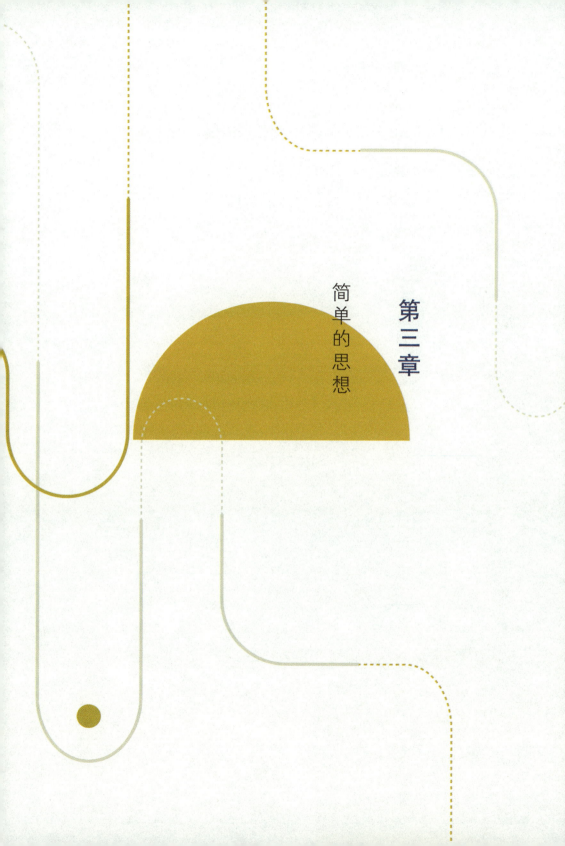

第三章

简单的思想

好奇心

　　我们不仅要重新梳理自己的生活，也应该重新梳理自己的思想。人们的思想若是失去了规律，就如同在树林迷失了方向，既没有指南针的帮助，也没有太阳的指向，只能在那茫无边际的荒芜中丢失自我。

　　如果人们拥有明确的个人目标，换句话说，知道自己"作为一个人应该做何事"，便能够通过目标将思想整合起来，会将一切无法让自己更加强大的思考方式和判断标准视为危险品，将它们拒之门外。

　　人会明白如何避开"自我逻辑"所引发的冲突。思考并非是一件玩具，而是一种工具，有着一定的用处。这就好比是一间画室，画室中不缺任何绘画工具，所有的工具之所以存在于此，是因为它们有着某个共同的目标。如果让猴子们进到这个画室，它们便会一个个地跳上凳子，在各种线圈之间拉拉扯扯，将窗帘扯下来裹在身上，将鞋脱下来戴在头上，抑或是拿起画笔玩闹，甚至是用嘴巴咬坏颜料，戳烂画布，好奇地看看一幅幅画作的背后究竟藏着什么。猴子们肯定会认为这里的某些事物是极有趣的，但画室并不是一个可以让它们玩闹的地方。

▲ 思考是人类与其他生物的最大区别，
三思而后行，是千年来的至理名言。

　　同样，思考不是用来搞笑逗乐的，能够被称为"人"的我们会根据自己的本性和内心想法去思考，并沉浸其中，但人们并不一定会因为心血来潮，或者是出于好奇就去完成一件事情。在好奇心的驱使下所做出的事情是极为浅薄的，好奇心的存在让人始终无法经历深层真实的情感，始终没有办法单独地真正完成一件事。

反思是把双刃剑

　　每天反省一下自身的言行，洞察一下个人心态，审视一下行为目的，是对生活最基本的思考。可这却是一把双刃剑，因为它让人们的戒备心逐渐超出正常值，促使人们对思想和生活不断地监控束缚，不断地对自己进行过度解析，仿佛是一部永不停歇的机器。这绝对是浪费时间的一种做法，会让人偏离正常行进的轨道。为了可以更加顺利地走下去，在每走出一步之前就仔细思考每个动作的细节，这样做的话，在还没有迈开步子的时候，人就可能脱臼了。

　　如果你有能力、有力量，那就直接向前走吧！注意速度不要太快，力度也应适中。

　　有些人看起来总是很忙碌，像一只无头苍蝇，实际上，他们做起事情来常常犹豫不决，并渐渐丧失了奋进的动力。人不应总是只看着自己的肚子，迷茫且虚无地过活。

常识

谈到常识这个话题，你有没有察觉到，过去被认为是常识的事物，现在已经像古老的习俗那样稀有了。换句话说，常识已经不再被人们津津乐道了。

人们开始寻找着崭新且不一样的事物，追求着一般人无法负担的精致生活。这种"高人一等"的生活是多么"令人兴奋"啊！人们并未理性地指导自己，相反，人们想尽办法让自己看起来特立独行，将聪明才智放在了另辟蹊径上。

事实上，我们总是在付出了巨大代价之后才意识到，心理扭曲之人终究是无法规避惩罚的。新奇扭曲的事物，往往是短暂的，只有被大众所接受的正常的事物才可以长时间地保留下来。要是偏离了正常的轨道，人们就要付出代价。只有明白返璞归真这个道理的人，才能得到真正的快乐。

常识不是普普通通的素养，不能争抢或占为己有，更无法无偿享受。就像很多自古流传的民间歌谣，起源难以考究，却在世间广为流传，那些曲调早已深入人心。

完整的常识便是人们经过几百年的辛勤劳动，缓慢且艰苦地累积起来的无价之宝。它是第一滴泉水，珍贵至极，唯有曾经遭受过"饥渴"之苦的人，抑或是见过他人"饥渴"的人才能了解到其价值。

为了获得常识并将它延续下去，为了能够明辨是非、看透事物本质，人类永远都不会觉得自己付出了过多的代价。既然是贴身的利剑，那么平常就得好好保养它。这便是为什么，我们定要谨慎对待日常思想的缘由。

我们需要借助常识的力量，一方面不能一味地沉浸其中，另一方面不能陷入狭隘的实证主义，否认一切无形的事物。贪图物质享受，抛弃内心世界的理性也是缺乏常识的表现。实际上，我们拼命地了解着生命的本质，却依旧沉浸在悲伤迷茫的状态中，在探索的过程中，所有和理性相关的事情，看起来都是异常痛苦的。在极度迷惑之时，抑或是遭遇巨大思想危机之时，我们通常都很难依靠简单的准则，从困境中一跃而起。

但是，生命的根基依旧是我们最好的辅助品，这么长时间以来，它一直都指引着我们。

其实，生命的过程是相当简单的，"生存"仅仅是一种强大的力量罢了，然而我们会认为那比我们定下的目标更为重要，没有人可以将生活停下来，先去了解一番，然后再继续生活。哲学也好，信仰也罢，都需要接受诸多事实的挑战，这些事实不仅是庞大的，同时又是难以抗拒的，当我们即将要在自己的推断中演绎出生活准则的时候，它们总是要求我们回到原来的轨迹上，当我们放弃哲学和信仰后，它们便开始大展拳脚了。当人们开始怀疑自己所选择的道路时，幸而还有这生命的根基，还能帮助我们维持世界的运行。

自始至终，都是这个强大的激励人心的力量在引领着我们向前行进。然而，我们始终无法真正了解它，无法预知它，更无法洞悉它的真实目的。

我们的任务便是好好做完自身本该做好的事情，尽管如此，我们在思考过程中，也需要按照眼下的情况调整好自身状态。我们不应该说当下的生活是更为困苦的。距离过去与未来都太远，总会看不清楚。

一个人总是抱怨自己没有出生在某个祖先的年代是相当可笑的。从世界成形之初直至当下世代，不管我们在什么地方，在什么时候，保持正确的思考都是不容易的。我们的先祖并不一定比我们更有智慧，无论身处哪一个时代，人的差别都是不大的。

不管是老师还是学生，商人还是农夫，任何人在寻找真相的过程中都需要下功夫。人类在不断进步，并因此而获得了很多启发，但同样也徒增了很多烦恼。我们所面临的问题越来越多，难度也越来越大。

我们似乎受到了未知世界的包围和控制。当然，生活并不要求我们知晓一切，就像止渴并不一定要将甘泉一饮而尽。历史证明，只需要具有基本的常识，人们就能生活得很好。

▲ 人无法知道一切事物的答案，就像你即使再饥渴，
　　也无法喝掉所有的水一样。事实上，
　　只要拥有一定的常识，就可以很好地生活。

信念

　　人类在信仰的支撑下生存着。这说明信仰和思想是极为重要的事物，是隐秘的生命之源。世间万物，无不抱有信念，存在于永恒的宇宙之中，遵循着深不可测的规律。

　　不管是动物还是植物，都依靠着这种隐秘而深沉的能量安然地活着；不管是晴天阴天、黎明黄昏，还是河流与海洋，皆深藏着信念。一切事物都在证明着一个信念：生来如此，理应如此；存在即合理，既来之则安之。

　　人的内心世界也有存在的缘由，生命意味着允诺。它坚信那股"理应如此"的信念。

　　为了维持信念，摒除外界的干扰，为了能够让它更加亲近、更加明晰，为了能让它得以发展，人类开始努力思考。

　　若能让内心世界的信念得以发展，这是极好的事，毕竟信念源于简单的生活，源于平静的心态、平和的言行，源于对生命的挚爱，源于劳动的丰硕成果。潜藏于内心的信念能激发出人的潜能，无时无刻不再为生命供给营养。就生存而言，信念比食物更重要。

一切侵蚀信念的事物，皆是致命的毒药。

人不会吃下明知有毒的食物，同样的道理，若某种思想企图侵蚀我们的信仰，打击我们的积极性，削弱我们的力量，只要我们思想清晰，就应该将它彻底摒除。不只是因为它会蚕食我们的心灵，更因为它从本质上就不正确。

有悖人性的思想绝非真理，譬如冷酷、自大、缺乏逻辑性的悲观主义。

换一种营养成分来哺育自我吧，用积极的心态让内心更加强大，只有能激发出心中坚强的信仰，才是对自己最好的思想。

希望

　　人的生活需要依靠信仰的支撑，而人的生存则需要依靠希望的支持。希望，是对未来生活的一种信念。生命本就是希望，同时也是成果。一切生命都有一个假定的起点，生命在此起步，慢慢走向终点。生命的发展具有连续性，前路即愿景，未来即希望，无穷无尽。希望乃万物之源，并投射于人的内心之中。换句话说，没有希望就没有生命。

　　这种源自本能的执着无时无刻不在鞭策着我们，它究竟蕴含着什么样的真谛呢？它想告诉人们的是，生命开花结果，缔造了世间万物——生命在演化过程中寻找到了更高级的善，并朝着那个方向前行，而那些生而为人的创造者们无一不对未来充满期许。

　　纵观人类历史，可谓是一部坚强的希望史，若非如此，恐怕人类早已消失得无影无踪了。人类身负重任，在暗夜之中摸索前行，一路披荆斩棘，屡败屡战，在死亡面前也未曾放弃过希望。人不能没有希望，哪怕它再微小，再渺茫，都足以激励人的内心。

　　理性地说，死亡是不可战胜的，不过我们若是在这个结论面前早早地败下阵来，那活着和死去又有什么分别呢？值得庆幸的是，我们的内心始终充满了希望，我们相信生活，相信生命。

就让我们对希望报以崇高的敬意吧。要是我们感受到了希望：一棵麦苗从土中冒了出来，一只欢快的小鸟在巢中孵卵；伤痕累累、濒临死亡的猛兽挣扎着站起身子，继续前行；辛苦劳作的农民在被洪涝和冰雹折磨过的农田里重新播种；一个民族在备受重创后，逐渐恢复了昔日光彩……此时此刻，让我们向希望致敬吧！不管希望呈现给我们的形象是怎么样的，不管是体现在人类自身的发展中，还是体现在世间的各种磨难上，我们都会向它致以崇高的敬意！在接下来的日子里，若有美好的传说带给我们希望，淳朴的歌谣带给我们希望，朴质的信仰带给我们希望，那么我们将一如既往地向希望致以崇高的敬意！

但是，人们害怕心怀过多的希望。先人们会因为担心天会崩塌而感到恐惧，这种恐惧感至今仍折磨着有些人的内心。难道说雨水会害怕海洋，光芒会害怕太阳吗？经过时间沉淀的智慧现在居然出现了这种离奇的状况，这就好像是一个脾气暴躁且年迈的学者，唯一的爱好便是抱怨调皮学生。

▲ 生命因希望诞生，我们都应向希望致敬。

未知

现在，我们该重返简单的生活了，好好体味一下并攥紧拳头，仔细凝视这个世界的神秘感受。人类虽说拥有广博的知识，可真正了解这个世界的人微乎其微，实际上，人类的智慧在这个世界中也是渺小至极，然而，亲爱的朋友，这却是个好现象。

因为世界漫无边际，在各个角落里都藏着不计其数的"未知"，不妨给自己留条后路，认为人类是无知的。我们需要将勇气之火点燃，将代表着希望的圣光点亮。

在今后的日子里，太阳会照常升起，地面上仍会有鲜花绽放，小鸟还是会建造自己的家园，妈妈还是会让孩子展露笑靥。我们有了检验人类本分的勇气，余下的就全部交给上天吧。

唤醒勇气，拥抱希望。这些激情澎湃的话语是献给你的，献给深陷泥泽的你，要知道，充满勇气之人是很难被利诱的。和那些理性悲观的绝望相比，诚挚的希望才是最能接近真理的。

善良

在生命的征途上，还有另一束光，那便是善良。

有些时候，我会问自己，那些潜伏在卑劣本能中的微弱却足以要人命的有毒成分，那些在血液里流淌着的、各种各样的、生理性的不良习惯，还有从古时起就在人类身上显现出的一系列问题，为什么会长期困扰着我们呢？一定有别的什么缘由吧，比如爱。

我们反复思量着人类智力的极限，思量着命运、谎言、敌意、腐朽、折磨和死亡所带来的各种冲突与不惑，始终在追问着，究竟何为正确的思考，如何才能做得到呢？在一片混沌之中，出现了一个回答：爱你身边之人。

爱，是神圣且超脱世俗的，如同信念和希望一样，就算遭遇诸多外力抵抗，爱仍旧不会消失。它一定会击败人类本性中的恶意和兽性；它一定会战胜一切诡计、暴行、欲望，还有背信弃义。为什么它可以在黑暗的力量面前出淤泥而不染呢？为什么它可以像神秘传说中怒斥猛兽的先知一般呢？那是因为，尽管爱的天敌遍布世间，但爱早已超凡脱俗。爱有双轻巧的翅膀，一旦有了风的帮助，它便能够避开天敌锋利的爪牙，让那双敌意满满的双眼燃烧起无可奈何的怒火。爱能逃离天敌的攻击，乃至打败天敌，大获全胜。在爱的面前，愤怒的猛兽逐渐安静了下来，匍匐在它的脚下，顺从它的法则。

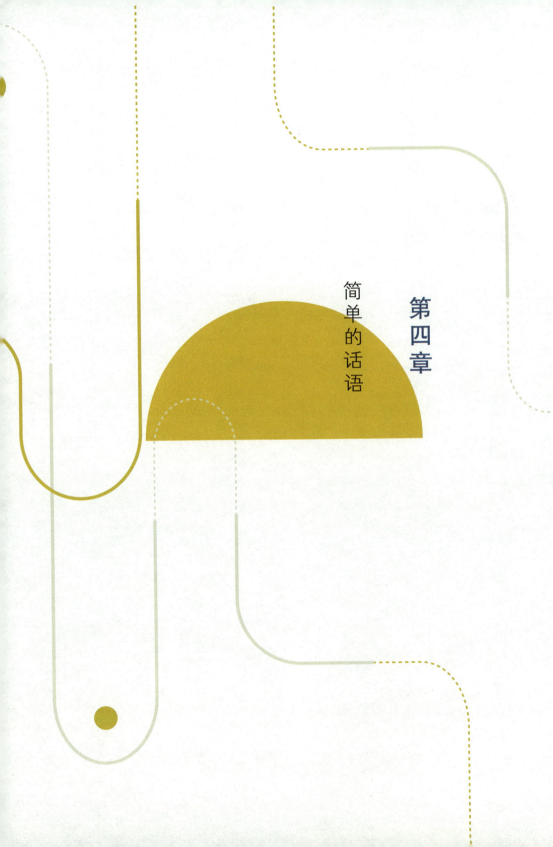

第四章

简单的话语

话语

　　当今社会，话语是心智的主要表现形式之一，也是人类最先用到的表达形式之一。有了思想之后，人便有了话语。人如果想要改变自己的生活，慢慢走向简单，必须得小心对待手中的笔和口中的话。话语和思考相同，同样需要尊重事实，经受验证。如果你想让自己公正客观，那就要真诚地说话。

　　相互信任是一切社会关系的基础，依赖于人们内心的真诚。若真诚不再，信任就会逐渐削弱，社会就会受到伤害，焦虑也随之而来。不管是从现实层面考虑，还是从精神层面考虑，这个准则都是不变的。和不守信的人交往，不管什么关系都很难维持下去。想要和他们一起寻求科学真理，抑或是实现公平正义，皆是不可能的。要是一个人在所有的事情上，都对他人的言辞表示怀疑，固执地认为所见所闻皆非真理，只是幻象，那么他的生活将变得愈加复杂。有些人的生活便是这个样子，麻烦接连不断，深藏着无数狡猾的手段和伎俩，他们完全没有时间去考虑简单的真谛，更弄不清究竟什么才是最为重要的事。

信息的传播

在过去，人和人之间的交流受到了较大的限制，因而人们就想，若能不断拓宽信息渠道，待到渠道成熟之后，人类就能相互了解了，各个国家也能互相熟悉了，人与人之间的亲密程度也能更高了。当不同地域的人们发现大家所关心的事情并无二致时，就能建立起亲密的手足情义。在印刷术问世之后，有人开始大声呐喊"光明已至"，逐渐地，人们的阅读量不断提升，阅读习惯也越来越有规律了，这样说来，人们似乎有了更好的理由来坚定自己的想法。

于是，人们推断出：一盏灯的亮度肯定没有两盏来得亮，两盏灯的亮度肯定敌不过数盏灯。倘若世界上有越来越多的书本卷籍，我们可以了解到更多的事。在我们去世之后，历史研究者们定会收获颇丰，可以有成千上万的资料用来参考。这个道理是容易理解的，但问题是，这种看法只考虑到了工具所起到的作用，却没有考虑到"人类"这个最重要的出发点。

大多数报纸媒体都试图将准确的信息传送到世界各地，并且努力地去了解各种信息，试图让各个国家之间建立良好的关系，并促使人们更好地互相理解。也有不少无良者在传播诽谤和失信，弄虚作假，扭曲事实。

可是，那些说谎的人、乱说话的人，那些善于用话语和文字的人，都拼了命地用各种方法散播着思想，以至于现代人更加难以了解世界和自身的真相了。

由于行业利益常常引发出各种各样的矛盾，党政和社会因此而时刻变幻着趋势，再加上所谓的知名人士的个性言论，我们想要获得一个完全客观的信息是相当困难的。

▲   "标题党"是信息时代的产物，
但是新闻工作者如果不断失信于人，无异于作茧自缚。

　　在信息爆炸的时代，人们越来越觉得难以理解这个世界。比方说，绝大多数人会选择相信新闻所陈述的内容，于是得出结论——"这个社会什么都缺，就是不缺腐败"，或者"只有少数的几位记者，勉强算得上是公正的"。

　　现在的新闻记者在自掘坟墓，他们现在总在拼命地争斗，读者的眼前仿佛出现了一幅可笑的漫画，上面还有一行标题——"两条蛇正在互相残杀"。两条蛇在互相伤害之后，会紧紧缠住对方，然后齐齐倒下，最终，战场上只会剩下两条断了尾巴的蛇。

　　在这种情况下，不仅普通的民众会感到尴尬，就连学识渊博、教养极佳之人也会替他们感到难堪。无论是在政治、商业、经济上，还是在社科、文艺、学术和宗教等范畴内，四处可见欺诈、伪善、心怀不轨和蛊惑人心的说辞；世人所获悉的信息都只是副本而已，给幕后之人看到的又是另外一个版本。最终，每个人都生活在不同的欺骗和隐瞒之中。人绝对无法一直躲在背后做事，一个用尽心思欺诈他人、隐瞒他人的人，在将来的某一天，当他需要他人的关心帮助时，也会遭遇相同的对待。

诚挚

使用话语的不良习惯会导致人类语言的退化。

一些人将语言当作低劣的工具，肆意滥用，从而践踏了语言的地位。模糊且挑剔的话语，必定得不到他人的尊敬，只坚持个人看法的独裁者，也很难获得别人的信任。

现在，那些人的报应已经来了，他们用那种"只讲对自身有利的话，而不是真话"的准则为人处世，同时用此来衡量别人的心胸，于是再也没有办法信赖别人。

如果作家和老师中有这类人应该有多悲怆啊！和读者、学生交流的时候，如果内心有这种想法，怎么可能从容地处理问题呢？内心诚挚之人最不愿和口若悬河之人相处，因为那些人满口华丽的辞藻，却几近讽刺之能事，只为骗取率真之人的信任。一方面，那些人思维活跃、态度明确，并希望受到一定的启发；另一方面，他们又偏爱耍些小手段，以玩弄他人为乐！

但是，有这种习惯的人往往不知道自己已经大错特错了。

人生在世，立足的根本便是"信任"二字，最为重要的要属别人对你的信任，如果察觉到被欺骗，信任就会立刻变成怀疑。

若人们发现，曾经一直追随的人利用了自己的无知，那么善良的心终究会变成仇恨，心灵的大门随之紧闭，曾经认真倾听的耳朵不再接收任何信息。我们可以拒"敌人"于千里之外，但是这么做又会错失善良的人和事。

曲解文字和说出侮辱性话语之人所犯下的罪过，动摇了众人心中的信任基础。在大众看来，货币的贬值、利息的骤降、信用的破产等，无不属于灾难性事件，可我认为还有个更为严重的灾难，那便是人与人之间失去了信任感。不管是信任，还是言语，都需要像货币一样在社会上流通，而且相互信任是人们正常交流的基础。

与那些伪装者、投机者，还有唯利是图者离得远一些吧，就算给他们一枚真的硬币，他们也还是会心存怀疑；和那些爱说谎话的人离得远一些吧，正是他们，让这个世界上的信任感逐渐消失，他们所说的和所做的都不值得信赖。

现在，你可以了解到，小心说话、客观写作、言简意赅都是特别重要的事。千万不要歪曲事实、唠唠叨叨、语义不清或磕磕巴巴，这样一来，只会让事情越来越复杂，越来越混乱。做一个刚正之人，说诚挚的话吧。一个小时的坦诚态度，远远比累积数年的欺骗言行更有意义。

质朴

华丽的言辞本身是没有过错的，但说话的时候一定要自然大方。最华丽的词语和最精彩的句子并不一定能支撑起精辟缜密的内容。语言上一定得是真实可信的，不能想着用甜言蜜语将事实掩埋。伟大之事都是由朴素的话语传播的，这样才可以显示出伟大的真正模样。

因此，其实你不需要用到那些浮夸的辞藻和比喻——不管描述的方式多有趣。用夸张的创作形式来掩盖事实，是很要命的。简单才是真正的强大，它拥有无与伦比的巨大说服力！无论言辞是否华丽，只要将神圣之情和剜心之痛，以及崇高的勇敢和灿烂的激情融入眼神之中、行动之中、呼喊之中，便能让一切变得更为明晰。

人性中的宝贵品质，只需最简单的方式便能得以体现。想要得到他人的信任，你所说的话就一定得是真实的。阐述事实的时候，无须过多描绘，质朴的语言能获得比花言巧语更强大的力量。你可以想象到吗？如果人与人的言谈举止都能遵循这样的内心准则的话，生活就会方便很多，对人对己皆是如此。在表达情感和意见的时候，一定得真心实意、实事求是、不露锋芒。

沉静

除了克制和诚挚，还有一点尤为关键，那就是谨慎。

能说会道之人常常暗自窃喜，认为灵巧的口舌是自身行动的挡箭牌。听者闻其所言，皆会痴迷地手舞足蹈。有些时候，生活这件事并没有那么复杂，可能只是几本书、几场戏剧和精彩的演讲罢了。对于那些所谓的权威言论的可执行性，通常没有人会认真去考量。

要是我们从智者的境界来到凡人的世界，进入一片混沌之中，一定可以发现有那么一群人：他们觉得人生便是持续不断的倾听和倾吐，他们生活上混乱不堪，精神上深陷绝望，却还在不断地说着话，他们能对所有的事情进行无用且冗长的评判，话毕之后还意犹未尽。

他们忘记了，最不常说话的那个人所做的贡献反而是最大的。这就如同，我们拼命地按着汽笛，却忘了踩油门，车轮怎么会转动起来呢？沉静的内心是需要培养的，安静的力量是需要在喧嚣中精炼的。

▲ 能说会道的人可能很受欢迎，
沉默寡言的人可能最踏实肯干。

夸张

　　反省过后，我们需要认真审视下那些夸张的言辞。我们仔细看看周围的人，在语言的层面上，可以洞察出千差万别的个性。沉着冷静者，话语略微贫乏；温和亲近者，话语反而更加严谨准确。有的人，在空气、日光、酒精的控制下，呈现出年轻气盛、鲁莽的样子，他们的话语听起来是那样的张扬，即使是最普通的事情也被描述得天花乱坠。

　　说话的方式因地域的不同而不同，也会因时代的变迁而改变。我们可以对比一下，看看人们目前说话的方式和写作的方式与其他历史时期有何不同。在法国，旧时期的语言表达方式和大革命时期的很是不同；现在的说话方式和19世纪相比的话，也有一定的差别。大体上来说，语言越来越简洁了。现代男性不再戴着有趣的假头套，同样的道理，现代的人已经不写花样繁复的字体了。此外，我们和先辈们还存在着一个极大的不同，那便是现代人倾向于采用夸张语言的各种缘由。我们的生活，已经焦躁过头了。

　　由于我们内心过度焦躁，语言的效果被抑制了。还有那些内心敏感之人，简单的话语是无法充分表达他们内心情感的。不管是在日常生活中还是在公共场合下，或是在书本上、戏剧上，放纵矫情的语言已经完全战胜了平和冷静的话语。那些造作的言辞，本是小说作家和戏剧编剧用来刺激观者、引起他人注意的方式，而今却常见于日常生活的交流与书信中。我们现在满目皆是现代生活的种种不堪，它的复杂程度令人难以呼吸、无法忍受，整日殚精竭虑。

　　夸张地说话，这种习惯有没有什么好处呢？当人际关系建立在"夸大其词"的基础上时，其中的善意便会被埋没。粗俗且没有任何意义的诡辩，还有那些冷血且充满恶意的评价，其实都是夸大其词的结果。

艺术

虽说现代语言越来越简洁，但可不可以给我一个机会，让我提出一个只要勇于实践就会得到好结果的建议呢？

让文学回到简单的样子吧！

这不仅仅是灵魂解药，同时也是众志成城的约定和初始点。同样，艺术也应该返璞归真。我没有要求诗人、作家或画家摒弃阳春白雪，一定要创作下里巴人，也没有让他们去寻找艺术上的捷径，更没有要他们满足于平庸的现状。相反的是，我希望他们不断向更高的山峰发起挑战。

真正的"广为流传"，并非以"大多数人的认同"为基础，而是以"各个阶层的认同"为基础。真正能被称为"艺术"的事物，灵感皆来源于人心深处，秉持着"万物平等"的永恒定理。相同的是，人们一定可以通过简单的语言方式来体现内心最基本的感情。在短短几句话中，有正确且透彻的见解，有一定的个人影响力，还充满了希望和远见。

　　我想，这个理念应该能够点燃年轻人的热情之火，帮助他们发现内心的美好与圣洁，抛弃轻蔑态度，收敛自身的狂妄言辞，并拥有慈悲之心。

　　作为一个普通人，我想智者们会说：对那些被世界抛弃的人们做点什么吧，让凡夫俗子们也能生活得透彻些，这样一来，世界就能充满和平。那些流芳百世的艺术佳作，哪一件不是看起来简简单单，实则璀璨耀眼的呢？

本分

在被训斥的时候，孩子们总会想办法转移大人们的关注点，让妈妈去看看楼顶上正在喂小鸽子的鸽子妈妈，让爸爸关注正在街上吵架的街坊邻居，又或者故意说几个别的爸爸妈妈很关心的事。这一招声东击西，可以暂时缓解他当下的困境。在提及"人的本分"时，我们是否也会很自然地回到孩童的状态，东拉西扯一番呢？

首先是诡辩，即先从理论上问，是不是真的有"本分"这个事物，抑或是说，这个词语是不是只是人类想象出来的。由于在本分的定义中涉及自由的概念，但是自由一定会将我们带到"形而上"的领域中。要是无法解决自我意志的问题，我们又该如何谈论自由呢？

理论上来说，是不会有人不同意这一点的——若将生命视为一个理论，人的出生不过是在填充我们的宇宙系统。可是，在没有阐述清楚自由的真谛、范畴，以及评判之前，就开始讨论人的本分，实在有些荒谬。

▲ 每当提及应该做什么的时候，大多数人都会下意识的
转移话题，虽然我们不知道"本分"是不是真的存在，
但是人类生来就具有的善意和真诚应该被发扬光大。

　　但是，生命并非理论。生命的存在是一切假设的基础，我们始
终认为，它的地位是无法动摇的。自由与其他一切事物一样，具有相
对性。尽管人们质疑本分是否真实存在，但还是会以它为标准来评判
自身和他人的生活。我们坚信，每个人都应该为人类的善意和成就尽
一番力。

　　富有激情的理论家们，就算没有个人见地，也会懂得如何赞扬
和反对他人言行，抨击敌人，力求公正，宽容和劝解各种恶行。人们

没有办法脱离道德的约束，就像没有办法脱离时空的限制。如果想利用科学来定义我们走过的时空向量，那么我们必然要先知晓自己的行走轨迹。也就是说，在道德的深根还未被挖掘出来之前，我们一定要学会"承担"。道德主宰着我们每个人，无论我们是遵循它还是轻视它。不难发现，在日常生活中，对于那些无视本分之人，人们都会急不可耐地抨击一番，哪怕他辩称自己是在质疑本分和诸多哲学观点。所有人都可以说出一些高级的辞令："先生，我们是人啊。希望你能演绎好自身角色，做好自身应该做的那些事情，然后再去思考吧。"

我们向思想家们发起了挑战，希望能在认知道德的基础上，在做出某些真诚或虚假、勇敢或胆怯的行动之前，放下那些理论研究。最为关键的是，我们想要得到答案，用来回复那些不懂哲学、质疑所有事物的人，用来进行自我督促，特别是在我们打算用哲学为道德辩解的时候。

但是，就算得到了答案又如何呢？我们还是不太清楚人心深处的力量吧。或许根本就找不到答案，或者还会被别的问题困扰。人们用来回避本分的托词，多如河中之沙。

然后，我们在混沌中、在冲突中，在艰辛的责任面前低下了头。我们恪守本分，谨慎选择人生的道路，在暗夜中蹒跚前行，感受着欲望的拉扯，承受着不可承受的巨大压力——还有什么事，比这些更困难！更显而易见的是，这种事情总是会频繁发生。

意外

　　不可否认，我们有时对自身悲凉的处境和悲剧般的人生充满了愤怒。在诸如此类的巨大矛盾当中，恪守本分的确不易，那一定就像雷雨天的道道闪电，令人心悸。但是，在人生大多数的时候，我们很少有人会遭遇那种令人窒息的绝望的困难。在面对那种困难的时候，还能依旧坚定内心的人，是伟大的！龙卷风连根卷起橡树，游客迷失于暗夜，军人在战争失败后崩溃，当遇到如此这般的绝境时，若能镇定自若，我们才有资格去指责那些在道德中挣扎的人。屈服于众人之势，抑或是止步于艰难困苦，都不是什么丢脸的事。

　　对于人生的重大事件，我们通常会做好充足的准备，而那些鲜少发生的特殊情况，会让我们的不足之处暴露无遗。我们不应该总是殚精竭虑，生怕因那些模棱两可的理论而误入歧途，更加关键的是，我们需要承担起最基本的责任，让内心充满正义感。有些人如行尸走肉般活着，原因不是他们没有担当，而是他们将简单的本分忽略了。

▲ 面对困难还能坚守内心的人，
固然值得尊敬，但也不必为没有到来的困难过分担忧。

伸出援手

在这个世界上，你要是能到社会底层看一看，便会体会到一些令人无法承受的悲惨遭遇。探索得越是深入，你便越会感受到，那种悲苦是无边无垠的。到了最后，那些不幸仿佛变成了幽暗的深渊，你不知道应该如何救起坠入深渊之人，真真切切地感受到自身的无能。没错，在你自身优越的时候，你会产生一定的冲动，希望帮助一下那些不幸之人，可另外你又扪心自问："这又有什么用呢？"答案不尽如人意。人们对这个答案很失望，却无能为力。他们不是没有慈悲心，只是觉得个人行动没有办法产生良好结果。他们的想法错得很离谱。即使我们没有办法表达个人的善意，也不可以拿它来做借口。

很多人只是简单地完成了某件事情，他们将行动步骤一一简化，因为他们觉得需要完成的事情太多了。

这种人得再次思考一下如何恪守简单的本分，我说的是，他们需要评判一下个人的能力、时间和持有的资源，尝试和世界上那些遭受剥夺的人们建立起稳定的关系。

有些人稍微动些小心思，就可以和高官权贵们谈笑风生，让贵族们高兴得蹦起来。既然如此，为何不能去扣响穷苦百姓的家门，和那些生活拮据的劳苦工人们做个朋友呢？

去认识一些人，了解他们的人生和困难，然后伸出援手，并在自身能力范围内提供物质上或精神上的帮助。虽然这种做法只能帮助到一部分人，但毕竟你尽心尽力了，或许还能带动其他人追随你的善行。

即使这样，那些已经发生的悲剧，已经迸发出来的仇恨，已经堕入深渊的人，依然存在于世间。

然而，你已经带来了一束善良之光，照亮了黑暗的角落。尽管慈悲心的散播需要极为漫长的时间，但这样的人群会逐渐庞大，善意也会日益强大，邪恶终将削减。你在做出允诺的时候，或许是孤单的，但可以确定的是，为了恪守简单的本分，你所做的事情一定是合情合理的。对我所说的话，若你能感同身受，那就说明你已经打开了迈入美好生活的大门。

坚守梦想

　　绝大多数人是拥有梦想的，并且充满野心，可鲜有人因此而缔造出伟大的传奇。成功只会青睐有准备的人，用心做好每一件小事，这是成功的基础。我们总是轻易地将这一点忽略。可是，若世事混乱，危机四伏，谁还会去谈论这些道理呢？海难发生的时刻，即使是一根断了的船梁或船桨，都能够挽救脆弱的生命。海浪此起彼伏，生命危机重重，不要忘记，即使是破烂的碎片也能作为求生工具。

　　你的生命可能已经支离破碎、分崩离析，你遭遇了失去至亲的痛苦，苦等多年的答案却始终等不到结果；你没有办法创造出巨大的财富；你无法令死去的亲人起死回生。在那些难以逃离的命运的跟前，你最终将双手放下，一脸泄气；你不再珍惜身边的人，不再为孩子指引方向。要真是这样的话，就算能被人们理解，那也是相当危险的。被动地让事情自我发展下去，这样只能导致生活的恶意变本加厉。你自认为已经失去了一切，要是有了这种想法，你终将真的变得一无所有。

一定要珍惜眼下所拥有的一切，认真谨慎地对待生活。

在将来的某一天，一个个记忆碎片将会成为你生活中最珍贵的事物。有一天，你的奋斗会让你学会放下；但，不去试试看又怎么知道呢？要是身边只剩下一根脆弱的树枝，不要犹豫，抓住它吧；如果你为了坚守个人信念，只能单独作战，这个时候，坚持下去，不要轻松地说出"放弃"二字，不要埋下头听从他人的指示。

注意细节

星星之火，可以点亮未来；你要知道，应该把每一天当作最后一天。需要能量的时候，尝试着去探索历史和自然，你能从苦境中发现，成败取决于最细微之处。忽略生活的细节，是不明智的做法，至关重要的是，人要学会守候，不怕从头来过。

我自然地联想到了军队里的生活。在战败之后，有些军人都不洗军服了，不再保养枪支了，也不遵守部队纪律了，那是不恪守军人本分的行为。可能你会说："那样做又有什么用呢？已经失败了，心情都彻底跌入低谷了，毫无心力去做那些鸡毛蒜皮的事情了。"不，千万不要忘记，当你彻底失败的时候，即使再卑微的小事，都意味着希望和生命的延续。

1813年到1814年间的隆冬时节，法军战败了，从普鲁士撤退后，全员都像打了霜的茄子一般。一个没有什么名气的将军在一天早上穿着笔挺整洁的军装，去见了拿破仑。在心力交瘁之时，拿破仑被

他的行为打动了，因为他穿得好像是在参加阅兵典礼一般，他的精神
面貌充满着对未来的自信，拿破仑一脸欣喜地说："将军，你真的很
勇敢啊。"

▲ 即使失败了，也不能忽略生活的细节，
在失败的时候还能做好每一件小事才有可能迎来成功。

责任

　　有些人会忽略最贴近生活的应尽之责，因为他们认为那些责任微不足道，相反，他们却为某些遥远而虚幻的事物鞠躬尽瘁。于是，很多简单的善意被淹没了。他们为了人类的利益和幸福，不断地牺牲自我，急着纠正巨大的过失，用一生的时间守护地平线那绚丽之景，却丝毫没有察觉，这条路上早已人头攒动，人们都在相互推搡着。

　　这个现象多么奇特呀，让我们忽视了眼前之人。这就好像满腹经纶且去过很多地方的人，总是不认识自己的邻居。可能由于忘记恩情抑或是目光短浅的缘由，部分人不认识自己手下的工人和家政奴仆，简单来说，便是不了解任何一个和他有着紧密社会关系之人。

　　更有甚者，有些妻子觉得丈夫和陌生人没有什么两样，有些丈夫认为妻子如陌生人一般。有些父母不懂孩子的想法，不理解孩子所碰到的难题，不知道孩子所拥有的那份希望，仿佛那是一扇难以打开的大门。很多孩子根本不了解自己的爸爸妈妈，不能体会到父母的难处和痛苦。我所说的是一般的普通家庭，并非那些贫穷至极，或是分崩离析的家庭。家庭成员们总是表现出一副无所谓的样子，各种繁杂的事务让他们每个人都无暇顾及其他。

使命，这个神圣且极具吸引力的字眼，早已在人类的心中扎根，然而，我们完全忽略了当下的重责。责任是我们行动的基础。若是对责任和义务漠不关心，远大的理想将会受到羁绊。为什么本分会给我们带来如此多的困扰呢？

绝大多数人将大量的时间和精力消耗在了纷乱的外部事务上，却对本该关心的事物视而不见。生活之所以会变得复杂，皆是因为人们忽略了本分，忘记了职责所在。要是每个人都可以完成应尽之责，那么生活就会简单许多。

无私的贡献

此外，还有一种朴实的本分。当所有人都发现了错误的时候，到底应该由谁站出来去纠正这个错误呢？公平起见，一定得由犯错误的人来纠正。这仅仅是理论而已。在此基础上，人们会觉得，只要能够找到犯错者，将恶果抵消，恶意便不会大肆出现了。可如果找不到犯错之人，怎么办呢？如果他们没有办法或是不想改正错误呢？

当雨水从破洞的房顶滴落时，难道我们一定要先找到砸坏屋顶的人，然后再去修屋顶吗？你一定会认为这么做太可笑了，可现实中的确就存在这种情况。他们严肃地声明："我并没有做那件事情，我凭什么收拾残局！"大部分人会用此种态度和推卸的方式解决问题。

诚然，这很符合我们的逻辑，但是这个逻辑并不能促进世界的进步。

我们一定要看到，在生活中，伤痛总需要他人来帮助治愈，破坏总需要他人来修复，不堪总需要他人去弥补。某人的言行让事态更

　　▲ 行动才是解决问题的唯一方式，在面对困难
　　　或问题的时候，任何抱怨、责骂、推诿等
　　　　　消极行为都是没有意义的。

加严重了，另一个人便会赶来平息一切；某人只顾着流泪，另一个人会轻轻替他擦拭眼泪。这世上，既有人为了成全自己而损害他人，也有人为了成全他人而牺牲自己。这种法则是冷酷无情的，我们所能做的便是解决问题。那也是逻辑的一种，一个让理论变得苍白无力的事实逻辑。这个时候，结论已经比较清晰了。心胸宽广之人会讲，正因有恶的存在，才会有善的荣光，人们才会懂得弃恶扬善。做过错事的

人要是愿意将之前的错误弥补，并且做出一些贡献，这是极好的，可
我们也从经验中得知，千万不要过度相信和依赖他们。

爱

　　但是，再简单的本分，也离不开行动的力量。这个力量是由什么组成的呢？还有，它从哪儿来的呢？这是老生常谈的话题了。在人们看来，若本分以外在世界要求的形式出现，就会变成内心世界的敌对方和侵略者。它忽然闯进来，让人们即刻就想逃走。对本分越了解，人们就越想回避它。这就好比一个维护纪律、充满正义感的警察忽然出现，狡猾的小偷会立刻敬而远之。当然，警察最终还是会抓到小偷的，然后把他关在警察局，引导他走向正确的道路。我们无法强迫人们尽到本分，慢慢规劝才是最好的。

　　这力量之中潜藏的核心便是爱了。如果说一个人本身极其讨厌自己的职业，每天漫不经心地对待它，那么，任何外力都无法提高他的工作热情。可如果一个人特别中意自己的职业，他便会自然而然地做好分内的工作，不断提升自我，根本不需要借助外力，就可以做得很好了。这是世人皆认同的道理。

　　最佳的状态是，我们能感受到，动荡命运之中所蕴含的纯净且不朽的美好；在经历了种种事情之后，我们依然热爱生活，无论它是悲苦的还是美好的；我们爱世人的脆弱，也爱世人的坚强；在本心、智慧与灵魂的帮助下，我们终于有了世间的归处。之后，我们会被一种未知的力量引导，建立起同情心和正义感。我们拜倒在这个不可抵挡的力量之下，兀自说道："我并非故意那样做，那股力量过于强大了。"

如此看来，任何时候、任何地方，都存在着某种比人类更加强大的力量，这种力量能够深入人心。我们至高无上的内心世界，充满了无穷的奥秘。伟大的思考和高尚的情操，都能激励人心。

树木能够发芽成长，是因为它在土地里获取了生命的能量，从日光中汲取了光和热。一个人如果可以在卑微的环境中，在难以躲避的错误和无知中，忠诚地为自己的使命献身，那么他便和善良建立了永久且牢固的联系。

这种核心动力有成千上万种截然不同的呈现形式，有时候，它是不可征服的力量；有时候，它是迷人的温柔；有时候，它是一种好战精神，紧紧抓住邪恶，彻底拔除邪恶；有时候，它有母亲的情怀，在寒冷的季节，心疼一下路边受伤且正浑身发抖的小羊羔；有时候，它是持久性的耐心。只要是它接触过的事物，都会有它的痕迹；被它激励的人都会明白，人类正活在它的光芒之中。若能将它的光芒散播开来，我们势必将更加欢喜雀跃，我们的眼中将不再只有外界的繁荣。因为我们已经看清楚，世间之事不分大小，我们应该通过善意将光芒传送至世界的每一个角落，那才是我们奋斗的目标。

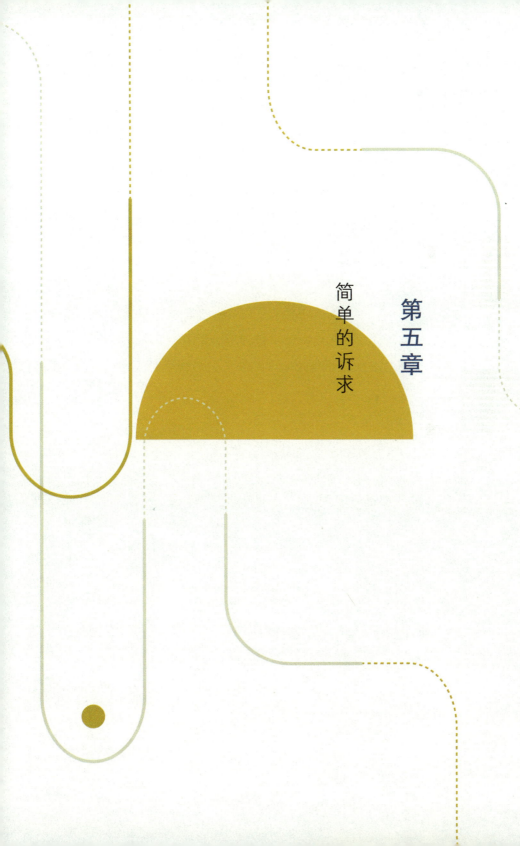

第五章

简单的诉求

生存需求

　　你要是买了一只小鸟，商家就会告诉你养这只鸟的基本要求。卫生方面应该注意什么问题，平时需要喂些什么，居住的场所应当怎么设置等，短短几句话就能够将事情表达得清晰完整。同样，有些人的日常生活只需几句话就可以概括。简单生活的最高准则便是这样，一旦照着做了，人就如同大自然母亲怀里那听话的婴儿，满足温饱就可以了。这些道理很简单，可要是人人都不满足、人人都不遵循的话，社会就会变得混乱不堪。不仅如此，我们的身体机能也会受损，生活乐趣也会消失不见。只有简单且普通的生活才能让人们精力充沛。

　　那么，理想的生活需要建立在什么样的物质基础之上？饮食健康，穿得简单，有安稳住处，有新鲜的空气，再加上适量的运动。

　　"哪些是你的生活所需要的呢？"你能够从不同背景的人们那里听见不同的答案，而所有的回答都是激励人心的。对于土生土长的巴黎老人来说，除了林荫大道旁的部分地方，这个城市已经失去了

"生活"原本的模样。对于他们来说，巴黎的生活是新鲜的空气、辉煌的灯火、宜人的气候，还有香甜的美酒，然而，如果说某天这一切都消失了的话，他们的生活就失去了意义。

不同阶层的人们被问到什么是"生活的必备之物"时，答案自然会各有不同，毕竟个人想法不同，背景也有差别。我们所说的背景，是指习惯、住所、穿衣风格等，也就是外部条件会有差别。

如果拥有高额的收入，那么生活就会好过很多；反之，如果收入不够高的话，那么生活便会很拮据。有些人甚至由于生活拮据而选择自杀——相比于过拮据的生活，他们宁愿选择自杀。但是只要稍微关心一下这部分人的生活便会发现，其实他们所拥有的物质对正常人来讲已经足够支撑生活了，甚至，会让普通人羡慕不已。

满足感

由于海拔不同，山林里不同区域所生长的植物也会很不一样。有些区域生长的是一般的花花草草，有些地方是森林，有些地方是草原，有些地方是裸岩和冰山。在有的土地上，小麦是无法生存的，只适合种植葡萄。在低海拔的区域，橡树无法生长，而杉树只有在高山区域才能茁壮生长。不同的植物生长在不同的地方，这让人不禁想到了人类的生存状态和生存需求。

在财富金字塔的上层，你能发现资本家、浪荡公子和名媛们。他们平常所配备的一切，不仅包括一定的侍从和车辆，还有几栋不错的城市住所和郊区的别墅。在财富金字塔的中层，可以见到家庭条件优越，抑或是说生活较为富裕的人。接着，便是一些工人、农民、做临时工的人，说得简单一些，便是普通人。他们就像是生长在蛮荒之地的植物，坚强地在这个世界上存活着。然而，不管是生活在哪个阶层、哪个地区，我们都是人类的一员，身上有很多相似之处。尽管如此，人们的需求差异却如此之大，的确是令人惊诧！于是，我们发现，用植物和人类做比较是不合理的。相同种族的植物和动物有着同样的需求，可是，在人类的生活中，情况却是完全相反。

人有不同层次的需求，并且会努力满足需求，这真的是一件好事情吗？这么做是不是有助于个人的发展、大众的幸福、社会的进步和人类的将来呢？动物只需要满足基本的生存需求即可，但人类却不是这样。为什么人们会因需求得不到满足而担忧呢？而且，生活越富裕的人，越容易担忧。生活条件较为不错的中层阶级会不会知足呢？并没有。那些对生活心满意足的人们，大概都是知足常乐之人吧。动物只需要吃饱喝足就可以安稳地睡大觉。人类其实也能做到这样，可是只能坚持一小段的时间。人在习惯了某种舒适的生活后，心态便会开始转变，会对当下的生活感到厌烦，从而想要追求新事物，以获得满足感。人的食欲不会因饱腹而消失，胃口甚至会越来越大。这听上去颇为荒谬，但我说的并非虚假。

因为物质匮乏、生活困难而怨声载道的人反而最容易被满足，这证明了一点，个人需求也罢，幸福感也好，和我们所投入的热情并没有多大的关系。若能明白这个道理，我们的生活将因此而受益匪浅。要是没有办法用实际行动来控制自身的欲望，那么欲望将会主导人们的言行，人们将会变得愈加颓废和冷漠，并且深陷其中，无法自拔。

▲ 人们变得越来越难以满足，
追求着自己根本支付不起的舒适生活，
却总是抱怨"快活不下去了"。

危害

整日寻欢作乐、哗众取宠、纵欲无度之人——譬如那些成天只知道晒太阳的食客、在外游荡不归家的酗酒之人、不想工作的拜金男女们——无一不是堕入了欲望的深渊。一个只知道追求物质生活之人，就好像是一个站在斜坡上的人，最终一定会摔下去。他们暗暗想着，只要我拿到了我想要的，就马上停下来退回去。可是，他们越是一步步向前，就越是没有办法停下，也无法控制欲望。现代人总是忙忙碌碌，慌乱不堪，莫不是因为这个原因。

醉酒之人就不会感到口渴吗？当然会。放纵之人内心会麻木吗？当然不会。放纵仅仅是激化的手段，它只会把我们正常的期望变成病态的欲望，控制我们的内心。如果你受制于欲望，任其肆意作祟，那你一定会错误地幻想着，越是纵容，你想要的就会越多。

那些只在物质中寻求幸福的人其实是很不明智的，就好像希腊神话中的达那伊得斯，生活永无天日，内心备受煎熬。已经拥有上百万资产的人总是觉得还缺几百万，拥有几千万的人总是觉得还缺几千万。锅里面要是已经有了一只鸡，贪婪的人就会想要再得到一只鹅；要是已经得到了一只鹅，他便又希望再得到一只火鸡。那些人永远不会满足，永远想要更多，从而满足自己的欲望。

我们或许从未意识到，这种无限膨胀的欲望会带来怎样的危害。很多普通人想要去模仿有钱人的各种姿态，贫穷的劳动者想要成为富有的中产阶层，很多女性想要扮成名媛模样，而那些有钱人，有很多早就已经忘记了应该把钱用到更有意义的地方。一个被欲望操控之人，就好像是一只戴着鼻环、受人牵制的牛，不但会被牵着走，而且还会担心自己会不会惹主人生气。在我们的社会中，这样的人是存在的，他们不断走在满足个人欲望的道路上，渐行渐远，逐渐走向了欲望的深渊。

▲ 无限膨胀的欲望会将我们带入无尽的深渊，
也会让我们沉迷于自我满足，分不清现实与虚幻。

两则故事

　　有一位男士，生活在巴黎，他生活优越，很爱自己的家人。可是，他的太太希望日子过得再阔绰些，但那样的生活是需要消耗大量金钱的，而他并没有那么多钱。然后，他离开了巴黎，离开了家人，独自来到异乡工作。我不清楚他内心究竟是怎么想的，他的家人如今生活在奢华的公寓里，拥有奢华的珠宝和昂贵的车子。

　　现在，他们应该很知足了吧，但是过不了多久，他们还会认为生活枯燥无味。他的太太又会说家中应该购置一些崭新的精致家具，车子也该换换之类的话。要是他真的爱她——这是当然的，即使需要到月球上才能获得更多的钱，他也会奋不顾身去月球的。

　　另外，还有个事例，太太和孩子成了男人欲望的受害者。男人没有规律的生活，整日过得纸醉金迷，不断做着荒谬的事情，可以说家里人的日子过得毫无尊严。在满足自身欲望和承担父亲职责这两者中，他选择了欲望。他逐渐变成一个卑鄙自私之人，忘记了本该承担的责任，对家庭情感视而不见。这种事不仅限于那些贪图享乐之人，还会出现在普通家庭当中。我知道有很多家庭，本应该生活得幸福美好，但是母亲却每天眉头紧皱，儿女三餐都吃不饱。这是什么原因呢？父亲实在花钱太多了。

保持清醒

被欲望控制的国家一定不是一个充满仁爱的国家。人们所渴望的事物越多，就越难伸出双手帮助他人，甚至不想帮助自己最亲的人。

失去了幸福感、独立性和善良的内心，公共利益就会遭到破坏，这便是受制于欲望的悲惨后果。受制于欲望的事物终将被其腐蚀殆尽。为了得到金矿，便将整片茂盛的森林夷为平地，祖祖辈辈的努力功亏一篑；为了能够让房屋温暖一些，便将家具焚烧干净；为了可以满足当下的快乐，就不再考虑明天的生活；为了一个人方便，就埋下了争吵、怨恨以及妒忌的种子。不计其数的错误行径在这个本末倒置的社会中不断发生着。

清心寡欲，方可趋利避害。

众所周知，酒万万不可多喝，保持清醒才是保持健康的最好办法。不管是衣食住行哪个方面，简单才是独立性和安全感的基础。简单的生活，能让人充满安全感，对将来抱有希望，不易受到外界变化和意外发生的影响。做到了清心寡欲，就能平静地面对一切世事变迁。即使地位被动摇，也不会感到惊慌失措；即使失去了工作，暂时没有了固定的收入来源，自己有生存的技能且不挥霍无度，还是可以保持内心的沉稳。因为你已经明白，生活不在于拥有精美的家具，不在于享有香甜的美酒、华丽的衣裳，也不是珍贵的珠宝和花不完的金钱。从自我安逸的圈套里跳出来吧，你终将找到让自己更加幸福的方法。

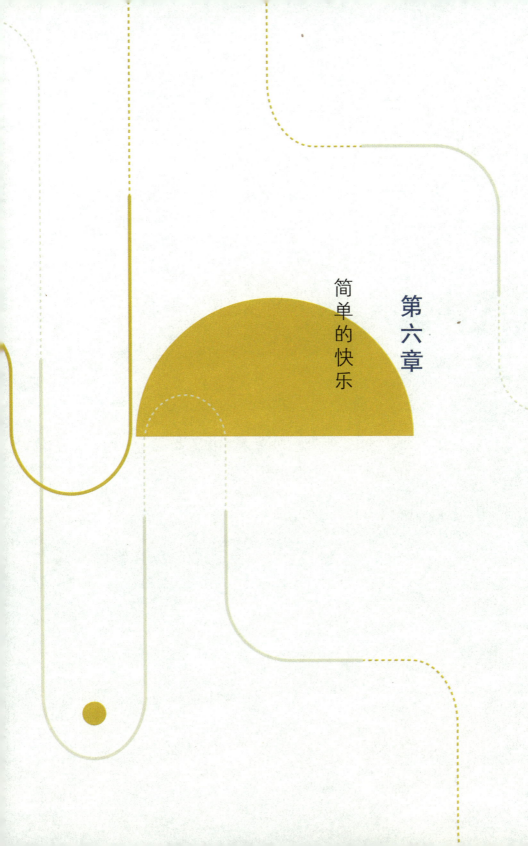

第六章

简单的快乐

内心安宁

你现在的生活快乐吗？好好看看目前人类的生活，仔细听听人们所讲的话，我得出了一个比较失望的结论，大部分人都不会认为自己的生活是幸福和快乐的。在我看来，他们一定是不敢做出尝试，所以才会说，并没有那么多值得高兴的事情。

这是什么缘由呢？

部分人认为是出于政治和商业的发展，还有人将其归咎于社会。从白天到黑夜，不管在哪里，我们所碰到的人总是忙忙碌碌又焦躁不安。一些人在帮派的斗争中耗尽了心力，一些人因同辈之间的冷漠和妒忌而变得心情低落。同行之间的较量令很多职业人士难以入睡，繁重的学习压迫着年轻一代，工业竞争给了工人们巨大的压力，国家在治理过程中也变得举步维艰，政权正在慢慢瓦解。由于学生开始不爱学习，不再像之前那样尊敬师长，老师的教学也变得更加艰难。不管何时何地，人们总有理由抱怨连天。

在历史的动荡时期，人们的生活缺少田园生活般的宁静。然而，即便是在最严峻的时期，人们依然能感受到些许快乐和舒适。现实的沉重，未来的不可期，社会的暴躁不安，就算是这些"坏事情"，偶尔也能为人们注入新的活力。两军对战，很容易就能听到军人们歌唱；危难之时，内心的平静终将战胜一切苦痛。能在战争爆发之前安安稳稳睡觉的人，能在巨大财富面前心静如水的人，他们的内心都无比和谐，而这种和谐是现代人求之不得的。快乐是无影无形的，它潜藏在人的心中。现代人很难将心静下来，积郁难消，忧愁不断，究其原因，不单单是社会造成的，更重要的是，我们的内心世界无法消除这些障碍。

内心的安宁是需要前提的，那就是牢固的根基和立足点。要坚信生命，相信内心世界的力量。但是，这是人们的弱项。大部分人，甚至包括一些年轻人，都对生命本质有异议。可是，如果你开始怀疑现在的生活，那么怎么会有快乐且坦然的感觉呢？

人类的理性被各类层出不穷的事物淹没了，我们甚至失去了感受快乐的能力。求生的欲望从根本上遭到了玷污，为了生存于世，人可以不顾一切地利用欺骗和小把戏来满足自我需求。我们发现，友善者想要将快乐洒满人间，让整个世界变得美好，他们纷沓而至，来到世界的各个角落。可是，在长路漫漫的净化心灵的过程中，根本没有人可以成功地将内心中真实且纯粹的快乐提取出来。

真实的快乐

我们绝对不可以将快乐和创造快乐的工具混淆。难道说，你买了那个价格高昂的斯特拉迪瓦里小提琴，就能够被称为杰出的小提琴演奏家了吗？我们也不能说，一套完整的装备可以让人拥有创造的力量，可以促使人们不断向前。然而，一个真正卓越的艺术家，手里就算只握着一支再普通不过的蜡笔，也同样可以创造出非凡的画作。绘画需要一定天赋和努力，更需要感受快乐的能力。过度猜测、过度虚伪、过度滥用都会使快乐遭到侵蚀，但是自信、控制、正确的思考和言行却能为快乐助力。

如果生活是简单且理性的，那么内心就会感受到真正的快乐。周边环境即使是恶劣的，植物还是会生长起来，依旧可以呈现出生机勃勃的景象，哪怕是在石路旁边、干燥的泥土墙上，还是在碎石边的缝隙中。我们不禁提出了疑问，这些野花野草是来自哪里的呢？为什么会出现在这儿呢？不管怎样，它终归活得好好的。如果生活在温室中，抑或是在富含肥料的土地上，它们或许会枯萎凋零，彻底死在人类手中。

　　要是你去问一个舞台剧演员，哪一类观众在看戏的时候是最开心的，他们会对你说，普通人是最享受看戏过程的。其实，这很容易理解。他们不会因过度沉浸而变得坐立不安，导致自己无法继续安心观看。另外，看戏只是普通人工作之余的休闲活动，他们从中感受到的快乐其实是建立在平日的努力之上。他们不会去后台窥探，也不会和演员产生任何情感上的纷争，更不知晓幕帘上的钢丝是如何被操控的。他们认为人生就像是一场戏，因此，他们可以感受到看戏时的那份喜悦。

　　▲　活得真实的人才能感受到真实的快乐，
　　怀疑身边的一切会让我们变得越来越痛苦。

可能在某个包厢里会出现一个令人讨厌的怀疑主义者，他戴着一副亮闪闪的眼镜，斜斜地看着观众，不屑地说："那只是一群愚蠢且可悲的普通人罢了，真是庸俗无知啊。"

实际上，观众们都活得很真实，而那个怀疑主义者却活得很虚伪，他没有办法体会到那种简单朴实的快乐。

质朴的消失

　　质朴正在逐渐消失，在大城市之外也是如此。这是令人难过的消息。我们见到城乡居民们正在远离质朴的传统文化。人心掉进了大染缸，很难不被肮脏之物所污染。往昔的朴实快乐已经被虚假的生活取代，仿若一棵被蚜虫占领的葡萄藤枝，原本美丽且强壮的藤枝在慢慢枯萎，藤叶也失去了绿色。

　　对比一下传统旧俗中的田间野餐和当下流行的村镇盛会吧。传统的田间野餐是在缅怀过去，对往昔岁月表达崇敬之意，村民们一同唱歌，一同跳传统舞蹈，享受美味佳肴——他们与生活中的一切和谐共处。面对这些简单的快乐，他们热情满满，任谁看见都会激情澎湃，想要参与其中。当你参加村镇的庆祝活动时，你将发现，男人们把自己刻意装扮成城里人的模样，妇女们都穿着奇奇怪怪的服装。有人大声歌唱音乐厅里的著名歌曲，有不入流的乐队以歌颂的名义演出，似乎是打算教化村里淳朴的人，在他们的面前展现出高贵的品位和快乐和谐的场面。这种活动是没有什么创造性的，也没有什么闲情雅致可言，不过是标新立异而已，更何况还出尽了洋相，绝对无法给人带来简单的快乐。

至于那些只知道寻欢作乐之人，就像是在花圃中到处寻觅食物的野猪，乱闯乱撞。

尽管种种，没有人会怀疑快乐带给人类的巨大享受。

它就像是一团圣火，在生活中散发出绚烂的光芒。那些尽心培养快乐之人，是在为人类完成一项极有意义的工程，就如同建筑桥梁、挖掘隧道，或是开拓土地那样。因此，在艰难穷苦的日子里保持内心的愉悦，并且以有益于社会的方式传播快乐，才能算是高尚的。这样一来，人们就可以感受到一丝丝的快乐了，展开焦虑的双眉，用快乐将幽暗的小路照亮。对于不幸的人类而言，这是多么伟大且神圣的言行啊，但是也只有拥有朴实内心的人，才可以完美地做到。

卑劣的炫耀

我们生活得还不够简单，所以没有办法将快乐和他人一同分享。我们不够专一，无法忘却自我。

在平日里，我们传播快乐和安慰他人的方法会带来某些负面效果。我们想要安慰他人的时候，做了什么事情呢？我们想要用尽全力让他人和痛苦作战、告别糟糕的心情是毫无益处的。然而，我们发自内心想要说出安慰的话，出口却变成不理解或者负气的指责。"啊，我的朋友，你是不是很难受呀？这真的太奇怪了，你肯定错了，因为这没什么值得伤心难过的呀？"其实，能够抚慰他人伤痛的最合理方法应该是，用你的真心体会对方的处境，和他人共同面对，共同承担痛苦。用上面的方法去安慰伤心难过之人，又有什么作用呢？

邀请邻居来家里吃饭，却沉迷于夸赞自身的技艺，这种拙劣的幽默并不能给大家带来快乐。

▲ 一味的自我炫耀并不能给身边的人带去快乐，
　用忘我的我精神分享才能收获愉悦。

因为在那些言行里，隐藏着内在的自我炫耀。

难道被他人羡慕，被别人认同，让他人变成我们的工具，就是你以为的最快乐的事情吗？在这个世界上，还有什么事情，比被施舍、被利用，抑或是被迫为人捧场，更加令人反感呢？要是我们希望带给他人快乐，同时还能让自己内心愉悦，就需要先学会抛弃自我。让我们摒弃自私的想法，将自私彻底囚禁起来吧！自私是最让人厌恶的事物，只会让我们将所有的奖章和头衔都挂在自己身上。实际上，顾念他人才是善良的做法。

　　我们为什么不花一些时间，哪怕一个小时，来考虑一下他人的想法，即使这需要先将别的事情暂搁一旁，但却可以让他人快乐起来。这种付出并不沉重，甚至只是做一件小事情而已。只有那些知道如何感知别人快乐的人，才能为自己找到更多的快乐，不要去炫耀，用个人的忘我精神与人分享快乐，这样一来，我们自己也会变得快乐起来。

鼓励他人

我们在谈论快乐的时候，很难洞察到某些道理。我们通常觉得，扫把只可以用来扫地，洒水壶只能够用来浇花。我们通常认为，护士只会照顾病人，老师只会教学，传教士只会讲道，门卫只会看守自己的岗位。这种固定思维往往会让我们笃定地以为，整天只知道工作的人肯定忽略了生活中最重要的事，如同一头只知道埋头苦干的牛。他们的生活无法兼顾娱乐休闲之事。于是，我们会觉得，在人生的道路上，但凡那些软弱之人，那些极为痛苦之人，快要破产之人，在生活的战斗中溃不成军、仓皇而逃之人，还有那些不辞辛劳之人，永远都活在阴影里，活在阴暗面，得不到阳光的抚慰。

如此说来，那么，严肃的人就不会想要追求快乐了，让他们快乐就是不可理喻的要求；去接近备受折磨之人，带他们脱离痛苦，也变成不合适的做法。从这个论点出发，我们似乎会觉得，有些人注定会严肃地度过一生了。

因此，我们只能带着严肃沉闷的情绪去接近他们，和他们聊一些严肃的事情。如果碰到了患有疾病的不幸之人，我们不应该继续微笑，而是需要刻意表现出哀伤和同情的模样，讲一些同样令人伤感的事情。然而，若真如此的话，黑暗的地方将更加黑暗，阴暗的地方将更加阴暗。在孤单且无聊的人生长河中，我们再次将那些人疏远了。孱弱的呼救之声被堵住了，那些人住进了阴暗的牢房，牢房周围长满了杂草，看起来宛如坟墓，我们在接近他们的时候，小心翼翼，不敢高声讲话。任何人都能看出来，那样的景象是残酷无情的，如地狱一般。可是，实际上，这种情况每天都发生在我们的生活之中！生命原本不该变成这般模样。

要是碰到那些陷入苦海的人，抑或是历经坎坷之人，莫要忘记，他们和我们一样，都是普通人，他们同样也需要时间来放松自我和享受生活。鼓励他们吧，有的时候，大笑一番，就会令他们坚强起来，他们已经有过太多的眼泪和忧伤了。当他们接收到快乐，就会变得精力充沛，就能继续做出贡献。

假如你的朋友正在遭受痛苦的人生磨炼，你可不能像他们一样软弱，不要为他们划定出所谓的安全地带，你需要做的是，让他们免于过度的感伤。

还有一点，当你表达了对他们的尊重和同情之后，还需要向他们表示慰问，帮助他们重新站起来，重新面对生活，鼓励他们出去接触外边的世界，去呼吸清新的空气。总而言之，要想尽办法让他们懂得，一切困境都无法阻挡他们和世界的融合。

因此，请将我们的怜悯之心放在那些一心只顾工作、严格要求自身的人那里吧。在这个世界上，到处都是从不歇息、放弃享受、燃

▲ 将乐观、积极等正面情绪传递给身边正在遭受痛苦的人，
　远比陪着他们一起难过更有效果。

烧生命之人。他们从不明白轻松是何物，规劝他们偶尔暂停一下奋进
的步伐，是有好处的。我们需要多多关心他们，向他们伸出援手，
让他们得到些许安慰和支持。扫把是专门用来扫地的，从未呼喊过劳
累。尽管如此，人们还是应该将这种背负罪责般的盲目举动彻底摒
弃。我们要关注那些快要崩塌的人们，让他们放下重重的担子；让那
些为家庭劳碌的母亲们放松一阵子；送一小时的睡眠时间给那些熬夜
守护病患的护士们，让她们不至于太过操劳；让年纪尚轻的姑娘们脱

下围裙，走出厨房，去花圃中偷得浮生半日闲；去关心一下不堪重负的邻居们，花一点时间向他们伸出援手。片刻的放松便能抚慰他人心灵，为其疗伤，重新点燃欢乐的火苗，让他们可以有更广阔的胸怀去面对生活。若每个人都能做到顾念他人，那么人们定能更好地理解彼此，如此一来，生活的欢愉还会少吗？

关于财富

    人们时常会认为，财富和欢乐就像鸟的翅膀，缺一不可。这显然是无稽之谈。和世间许多奇珍异宝一样，快乐的价值无法用金钱来衡量。想要得到快乐，就得靠真本事，靠自己去奋斗。

    并非说你不能花钱享受快乐，若是你有足够的财富，而且也的确感到满足，那样做也无可厚非。不过，我坚信，财富绝非是必要条件。快乐和淳朴就像一对故友，想要快乐，就得坚守淳朴，就像对待知己那样。若能尽忠职守、平易待人、率真坦荡，并且不谈他人私事，成功便会离我们越来越近。

第七章

简单的金钱观念

金钱的本质

    我认为，一个人没有钱便难以生存。一些理论家指责说，金钱是罪恶的源头，但这只是改变了人们对金钱的看法，并没有改变它在商业范畴上的价值。

    也有一些人觉得，为什么不将金钱废弃呢，就像废弃书写那般。但他们并不了解的是，金钱的背后潜藏着一个非常棘手的问题。这个问题不仅会让我们的生活变得混乱不堪，而且还是很难解决的。眼下，经济、社会和现代生活方式所形成的格局已将金钱的地位大大抬高了，因此，人们才会认为金钱具有一定的权威性，并视之为理所当然之事。

    金钱，是商业的附庸品之一。要是没有商业，金钱根本没有存在的价值。商业的发展给了金钱流通的机会，金钱以各种姿态出现在市场上。一切滥用金钱的言行，和一切以金钱为目标的行径，本质上是因为分辨力的缺失。我们常常混淆了金钱和交易的概念，实则，二者没有任何关系。人类将一个自认为较为合适的价格贴在了本来无价，抑或是难以衡量价值的商品上。当然，土豆、酒水、小麦、布匹等事物是可以正常买卖的；一个人输出自身的劳动价值，以换取生活的正常运转，并得到符合其劳动价值的反馈，也是相当合理的。

▲ 如果我们一切行动都以金钱为目的，
就会失去人生的方向，走进死角也不自知。

但是，这样比较出来的普适性是狭隘的。一个人所付出的劳动，其意义和一袋面粉或一吨煤是完全不一样的。说到劳动，难免要提到一些难以用金钱来测量，亦无法出现在交易市场的事物。例如睡觉、将来和天才，对此类事物进行价格评估的人，要么是傻子，要么是骗子。但是，确实存在一部分人在用这种方式赚钱。他们兜售着一些不属于自己的，甚至不存在的商品，让善良的人们将大量金钱交到他们手上。于是，我们的社会有了那些售卖所谓的快乐、爱情和奇迹的"商人"。

大部分人都认为，用感情、尊严和名声换取金钱的做法是难登大雅之堂的。然而，这个正直的观点容易受到常识的管控，却很难受到道德的束缚，因而很难在现实生活中有所作为。金钱并非始作俑者，主要因素乃是他们的内心已被利益主导。

利益与努力

利欲熏心之人，会将所有事情都归结到"它具体可以带来哪些好处"这个层面，还认为"只要你肯花钱，什么事都有人替你干"。

这两个准则的肆意运行，会让社会堕落到一个无以言表的境地。

对那些苦心经营家庭的人而言，"它具体可以带来什么好处"是无法逃避的问题，但是，如果任凭它越了界，统治了整个生活，那就相当危险了。原本是为了满足温饱而付出的努力，也会被视为"得到某些好处"的置换。通过劳作来换取金钱，这样是最好的做法，可是如果让努力工作的前提只停留在获得金钱的层面上，便是万万不可取的。一个只将金钱当作生活目标的人，做事情是相当不靠谱的，因为驱使他努力工作的事物并非工作本身，而是金钱和利益。倘若一个人对工作敷衍了事，却仍旧可以得到稳定的收入，那么他会一直那样做的。不管是农民、工人还是挑夫，要是不热爱自己的职业，工作的时候定然会缺乏敬业精神。

别将你的生命托付给一个唯利是图的庸医，他所想的只是赚足你的钱，你的病拖延的时间越长，他获得的利益就会越多，或许你的病情还会变得更加严重。教书育人的教师们，如果只想着有多少收入，那么就不足以被称为老师。新闻工作者要是将所有的事情都建立在"利"字之上，那么做出的新闻还有什么价值呢？如果是为了金钱而写作，文章还有什么存在的意义呢？

在这个世界上，我们很容易就可以找到成百上千条理由来支持"劳有所报"的观点，但每一个用尽全力支撑起整个家庭的人，都需要保持从容淡定的心态。那些整日好逸恶劳、玩乐度日之人，都是社会的寄生虫。

在社会中，存在着一个更加严重的问题，那便是人们都将"获利"看作唯一目的，并且听从它的指挥。在工作中，我们应该凭借着自己的耐心、热情以及一定的专注度和积累的学识，努力将工作做到完美。

完美的工作，可不是金钱能买到的。

人不是冷血的机器，最能证明这一点的例子便是，两个人做同一件事情，花了一样的工夫，但是结果却有可能截然不同。为什么会出现这种情况呢？根本原因在于，他们的目的是不同的。一个是利益当头，而另一个人却目的单纯。两人最终都会得到一定的回报，差别在于一个人对工作倾尽全力，另一个人却敷衍了事。前者播下了一粒种子，定会等到生根发芽、茁壮繁盛的那一天；而后者的工作终究无法开花结果，难以经受时间的考验。这个例子很清晰地解释了，为何会有如此多的人和成功者同行，却还是没能闯出一番事业。

再多些"傻子"

毫无疑问的是,我们没有办法一直在金钱面前高昂着头,生活总是不易的。日子一天天地过,每个人都得将自己的能力发挥出来,以保证生活的日常所需。如果一个人没办法承担生活的责任,做不到深谋远虑、居安思危,就只能是一个"只说不动"的人。我认为那样的人日后只能等待救助了。

但是,如果我们只是一个劲儿地关心这些事,会产生怎样的结果呢?如果我们整日只知道算计,还会撇开利益来公正评判付出的努力吗?我们会变得对无形的收获视而不见,对无法用金钱来衡量的工作嗤之以鼻。

讲真话需要付出什么代价呢?可能会被人误会,会心生悲凉,甚至还会遭人迫害吧。保护自己的家园,需要付出什么代价呢?可能会伤神劳心,会损害健康,还可能会面临死亡的危险吧。那么做善事会有什么代价呢?可能会被他人责备,被莫名埋怨,甚至还会遇到背信弃义之人吧。愿意牺牲个人利益的崇高精神,在人类的言行之中比比皆是。我极为讨厌那些心机深重之人，他们算计着世间万物，以追求自身的优越地位。的确，能挣大钱的人不能不说是有能力的，但认真想一想，如果没有那些单纯无私的人们，他们的财富又会有多少？如果在他们面前的人使出了"不给钱不做事"的狡诈伎俩，他们还能功成名就吗？这世上终归有人是不善心计的。

最艰难的使命和最温馨的服务，通常意味着不求回报，或是换来微薄的收益。幸运的是，一直都有人在无私地奉献着，就算会痛苦，就算得不到回报，就算要付出代价，甚至会牺牲自己的生命。他们背负着常人难以想象的压力，贡献巨大却回报低微，但是乐此不疲。有的人见到了不公平的事，于是伸出了援手，结果却引来麻烦，事后便认为自己"好心当成驴肝肺"，悔不当初。任何人都听说过这样的事吧。听到这种故事，很多人都会说："只有傻子才会那么去做呢！"有的时候，世事就是这个样子，有人抱有一颗善良的心，热心地帮助他人，结果却得不到任何感恩。这种事情实在是太多了。尽管如此，我们还是希望，这个世界上的"傻子"能再多一点。

金钱的地位

对于那些视财如命的人而言，"只要你肯花钱，什么事都有人替你干"，这一句话就能道破他们的人生法则。表面上看来，社会似乎并不排斥这样的想法。"钱是万能的""耀眼的迹象""能打开所有门的钥匙"——对金钱的崇拜和溢美之词说不定比赞美圣母玛利亚的诗歌还多呢。不妨尝试一下，身无分文地度过一两日，你就会明白那些贫穷之人的需求了。我多么希望那些喜欢冒险、喜欢标新立异的人，能够试着一个人过上几天没有钱的日子，换句话说，远离有身份地位的生活。在短短几天的时间里，他们定将收获比一整年的生活都更有意义的体验。

然而，要知道，对于另一些人而言，身无分文的日子，是四面楚歌的局面。

何以至此？要经受多大的痛苦才会让人这样盲目地坚信金钱，认为钱是万能的，没有钱是万万不能的？如果没有钱，他们便会落魄不堪。这样的想法，给世界带来了多么深重的苦难啊！

　　可以肯定的是，这些想法皆大错特错，虚伪不堪。在沙漠中迷失方向的人，即便怀揣黄金万两，也无法换到一口水；年老体衰之人，就算倾尽所有，也没法回到年轻时的貌美体健。不管是有钱还是没钱，我们都必须承认，幸福是无法用金钱来衡量的。

度假村

　　世界上的温泉度假村有很多，可我说的是那种鲜为人知的小村庄。那里的人们淳朴好客，那里的环境清爽宜人，那里的物价也相对较低。或许过一阵子，那个村庄会变得有名，会有越来越多的人知道它。村落的名声让村民们变成投机者，他们用村庄的优势换取了更多的利益。

　　尽管如此，不妨还是去看看吧。你可以好好休息一下，只要有了钱，就不用担心没有地方休息。至少在那里，你可以暂时抛弃世俗、远离纷扰，享受一下诗意的生活。

　　最初的时候，所有的事物看起来都是那样的舒适。村庄里的自然景观和人文旧俗令人心情大好。可是，随着时间的流逝，村庄给人的印象大不如从前了。事情也逐渐出现了反转。村民手中的传家珍宝，实则是骗人的把戏，是他们用来欺骗单纯之人的工具。不管是土地，还是村民，都被安上了一个个的标签，放在市场上出售。朴实的村民如今已经成为工于心计的"诈骗犯"。他们可以不费吹灰之力就能将你的金钱拿到手，然后安然自得地生活。在这个村庄里，陷阱和圈套一环扣一环，犹如错综复杂的迷宫一般。村民们心怀不轨，急迫地想要获得你手中的钱财。从前，刚正朴实的村民会热情地欢迎"你"这个厌烦了城市生活而到此一游的外乡人，但如今，物是人非了。纯正的手工制作的面包早已消失，里面的奶油都是商人们提供的；村民们开始勾兑假酒，俨然已经像城市人一样学坏了。

在离开之际，摸摸自己的钱包，你会由于巨额消费而暗自神伤，于是开始意识到自己做错事了。人总是要在付出了惨痛的代价之后才会幡然醒悟，才会意识到这个世界上还是有"钱不能及"的事物。

▲ 金钱让度假村不再淳朴，
人的心灵从此没有真正的栖息之地。

钱不是万能的

或许，你的家中正急需一个能干且聪慧的用人。在金钱至上的前提下，你可以这样做：按照薪水高低找到对应的候选人，如没有工作经验的、普通的、优秀的以及顶级用人。然而，来求职的人全都把自身定在那个能拿最高薪水的位置，还呈上了高级证书等资料，自称是专家。通过测试之后，大部分目中无人者都是不能达标的。可他们为什么会应聘呢？他们的答案或许会像某个喜剧电影中的那个收入颇丰，但事实上一无是处的厨师那样——

"你为什么谎称说自己毕业于蓝带国际学院呢？"

"这样收入就会变高啊。"

这绝不是个轻松的话题。追求高额工资的人不计其数，但是真正有能力的人却屈指可数。你想要寻找到一个刚正廉洁之人，可以说是难上加难。为了利益前来的人数不胜数，忠实于内心的人却寥寥无几。我敢肯定的是，依然存在很多忠实的用人，而且不管是低薪还是高薪，遇见这类人的概率其实是差不多的。也就是说，薪水高低不是最关键的，更重要的是，你得找到那个不追求一己私欲、谨言慎行的人。

战争是最费人力和财力的，可是一个国家用金钱就可以抵抗外敌、保卫国土了吗？在历史上，古希腊人就给了波斯人一个教训，而且这样的事情并不少见。金钱可以为国家带来船只和火炮，但是无法买到军事家的智慧、严明的纪律和爱国之心。你希望用金山银山换来一支纪律严明的强大军队，那么雇佣兵们——不管是将军还是士兵，都会争先恐后地冲到你面前。然而，若是真的让他们冲锋陷阵，雇佣兵们多半会不堪一击。

▲ 金钱不是万能的例子比比皆是：金钱可以雇佣军人，
　 购买物资，但是买不来誓死战斗的忠诚和意志。

直到现在依然有人笃信，金钱能替人消灾，啊，多么虚幻的假象啊，我们定要保持清醒才行。不管财富几何，这世间总有人挥霍无度。只有理智、善良和知识，才能克制住金钱的弊端，才能减少自身灾祸的发生；若非如此，不管是收益者，还是分配者，都会变得腐败不堪。

钱并不是万能的。虽说钱能做到很多事情，但是还有很多事情做不到。见钱眼开是极为麻烦的事情，会使社会脱离正轨。有金钱存在的地方，人与人之间就存在互相欺瞒，彼此不会相信对方的话。我们并没有批评金钱的意思，众所周知，"世上万物本就有它的地位"。

若一个奴仆摇身一变成为暴戾的君主，那么道德、自由和尊严都会被无端欺辱。倘若我们看到，有人被金钱蒙住了双眼，给毫无价值的事物开出天价；有人得到了一座金山后还企图获得更多的财富，我们就应该站出来阻止这种做法。

那些最宝贵的事物，都是可遇不可求的。

勿失此心，宽容待人吧。

第八章

简单的态度

高调

　　这个时代的人，有一个尤为不成熟的性格特征，那便是喜欢炫耀自我。有的人为了引起他人的关注，成为人群的焦点而不择手段，说得更为确切些，他们像瘾君子一般追逐着自身所谓的地位。

　　在他们看来，做一个无名小卒是非常丢人的，因此他们用尽浑身解数想将自己变得高人一等。如果没有达到预期的效果，他们就会变得迷茫，如同遭遇海难的水手，在经历了整夜的暴风雨后，被卷到孤零零的礁石上。他们不停地哀叹怒骂，将满腔愤怒化作求救的信号，希望他人能关注到自己。很多人为了出名，不惜走上犯罪道路，甚至成为阶下囚。

　　在古希腊时期，一个名叫黑若斯达特斯的年轻人为了出名，跑去焚烧神庙。令人大跌眼镜的是，他竟然因此获得很多狂热的粉丝和忠实的拥趸。很多人将"摧毁"视为荣耀，最终臭名远扬。他们摧毁他人声誉，用劣迹、丑闻和暴行为自己喝彩！

　　一心只为了功名，哪怕是背上恶名也无所谓。这种言行并非一日之寒，不仅体现在自我吹嘘者和自欺欺人者身上，还会体现在精神和物质的各个层面上，甚至延伸到了多个领域。总有人在行善之后自我吹嘘，大肆宣扬救赎之道。炫耀的声音在"毁灭"的指引下，侵蚀了原本静谧的内心，扰乱了平和的本性。

　　毫无顾忌地公开一切，这样的做法绝不是在展露内在的美好。为了引起他人关注而刻意比较事物的价值，这种言行无疑也是不公正的，会影响我们的判断力。人们偶尔会提出质疑：社会是否会彻底变成一个巨型的游园会，每个人都在各自的帐篷中敲锣打鼓，想要成为焦点。

▲ 为了成为焦点、获得功名，有些人不惜一切地炫耀，
毫无顾忌地公开，最后他们会失去内心的平静。

境界

　　幸运的是，我们可以远离那些大肆宣传的吵闹，进入安静的山间丛林休息一阵，感受一下清澈的小溪、静谧的森林，还有那醉人的孤寂。不管这世界多么骚动，不管那些丑陋之人发出了多么聒噪的声音，总有些地方是一切喧闹都无法侵入的。那些声音只会慢慢削弱，直到消失。令人欣慰的是，比起吵闹的世界，静谧之处更广阔无际。

　　稍微休息一会儿吧，就在这个静谧而广阔的地方。这里有不为人知的美丽雪景，有依稀可见的花影，有沿着地平线不断延伸、似乎没有尽头的路。我们必定会陶醉其中。这里的大自然隐秘且风情万种，你需要克制自我才能窥见她的踪影，需要足够的灵巧才能让她对你的到来大吃一惊。倘若在你眼中，结果最为重要，那么你便无法体会到她的奥妙。不管是对待社会，还是对待生活，皆是同样的道理。

　　向善之力总是隐秘的，深藏于心，说不清，道不明。更重要的是，感知能力与我们的生命越是相融，我们就越不需要张扬行事，将一切都公之于众，因为这是对生命的亵渎。在我们的心中，潜藏着神秘且无以言表的快乐，还蕴含着热情、勇气和期望，以及最强烈的生存动机。人们很难意识到世间的至纯至善，只有亲身体验过，才会有所察觉和拥有。如若将其公开论说，便会瞬间摧毁它的美好。

　　它最爱的，是热爱大自然的人。它的目光追随着那些人，慢慢走向那个静谧的树林，行进在山谷之间。他们走过的地方，皆是漠视自然的人们无法踏足之地。在那里，可以完全忘记岁月的流逝，忘记世俗的生活，静静地度过每一个夜晚，可以看到鸟儿筑巢育子，可以看到贪玩的小兽。因此，想要发现内心的善，你就得找到那个无须克制，可以远离是非、远离造作的境界，然后觅得简单的、无忧的生活状态。在那奇境中生存的各种生物，都践行着真善美的生物法则，而这正是他们一生的追求。

坚守

　　我的家乡在阿尔萨斯，是个小小的村落，那里有一条小径，像是一条绸带，绵延不断地延伸到山林之中。有个碎石工人在小路上工作了整整三十年，他从未想过离开那里，时刻在那里兢兢业业地工作。初识他时，我还在上学。他一边用力地敲打石头，一边轻声地唱着歌，我听到之后甚是开心。我们说了一会儿话，然后他说：

　　"好孩子，再见啊，希望你能变得幸福勇敢！"

　　我日日行走在那条小路上，那些日子里，我经历了生活的酸甜苦辣。最终，我读完了书，那个碎石工人依旧在那里。他用芦苇护好背，将帽子拉低，为暴风雨的来临做好了充分的准备。从树林的深处传来他不断锤打石头的声音，不管何时去那里，我都能发现他在小路边工作。他渐渐老去了，有了皱纹，但他始终微笑着，非常亲切。最为关键的是，他说的那番话，纵然简简单单，却如同锤击碎石一样有力。

　　那是真正的勇士所说的话。

　　他是一个普通人，我难以用语言来形容他带给我的感动，那种简单的、纯粹的魅力，他自身定然是洞察不到的。出身低微却依旧努力工作，我想，没有什么事比这更激励我了，或者说，更能令我洞察和抑制内心的虚荣。

▲ 无论我们在做什么工作，坚守，永远是最宝贵的精神。

很多经验丰富的老师，将一生的时间都花在了教育上。他们把品德和知识教授给学生，有时候，这比锤打石块还要艰难。他们全身心地投入其中，鲜有人在意过他们的辛勤付出。当他们躺在坟墓之中时，也鲜有人记得他们。然而，他们所给予世人的，却是大爱。这便是无名氏的伟大之处。

真善美

　　真善美会以不同的形式潜藏起来，有些时候人们甚至需要花费极大的努力，才可以把它从罪恶的深渊中拯救出来。有一个来自俄国的医生，他犯了某些政治上的错误，因此被流放到了西伯利亚进行劳动改造。他在西伯利亚见到的那种勇敢且宽宏的人道主义精神，受益者不仅仅是罪犯，还包括一些警官。或许会有人高声大喊"善良是不需要掩饰的"，但是，我们总在生活中见到令人惊讶的相反例证。在这个世界上，有很多具有不错名誉之人，其实他们的内心是冷血无情的。而在那些遭受灾难的"罪犯"身上，我们却惊人地看见了他们内心深处的温柔和真诚，而这种真诚似乎是来自某种无私奉献的精神。

　　至于那些浑身都是铜臭味的资本家，有的人根本不愿意去谈论。那些人觉得，拥有巨大财富的人都是吸血鬼、自私鬼，专门压榨他人，只为个人利益，从不关心别的事情。有一些有钱人做善事只是为了炫耀，还有一些有钱人会将目中无人的一面表现得极为淋漓尽致。单凭一部分人的虚伪和冷血，就要全盘否认其他人的谦虚和善良吗？

　　有这样一个人，他在人生道路中遭遇了很多困难，每一次的困难都让他刻骨铭心、痛苦至深。他不仅失去了深爱的妻子，还惨痛地失去了孩子。可他在不断努力下，成了一个富翁。他并没有因此而大肆挥霍，生活还是很节俭，他从不追求个人欲望，坚持不懈地找时间做善事，生活得格外愉快舒适。你绝对想不到，受到他帮助的穷苦人家难以计数，你也不会知道，他那颗充满仁爱的内心是怎样锻造出来的。他在好友不知情的情况下帮助了他们。他爱助人为乐，总是把他人的快乐当作自己的快乐。每一次帮助了生活困难的家庭，每一次看到受助者展露笑容，他的内心就深感欣慰。他默默无闻地帮助着他人，傻乎乎地担心自己的善行被人察觉。就这样，直到他去世，他的善行才为人所知，然而，谁也不清楚，他活着的时候到底做了多少善事。

　　他是一个正直之人。在社会上，大肆敛财者很是常见，而慷慨赠予者却屈指可数，这样的人，拥有一颗高贵且勇敢的心，能与人分享幸福和快乐，也能替人分担痛苦和不幸。

城市巴黎

不久之前，一个初到巴黎的女性朋友对我说，她对自己看到的景象备感惊恐，在她眼中，周遭充斥着各种各样的事物：恶意满满的海报，不堪入目的书本，染头发的女孩，蜂拥进入赛马场、舞厅和赌场的人们。虽然她并没有拿巴比伦来和巴黎比较，但是她所讲的话很明显地透露出，她同情眼下的这个悲惨世界。

"对啊，对啊，女士，你说的这几点确实是挺可悲的，可是你不能用这些现象来概括整个城市。"

"我的天，那就更加不得了了！"

事实并非如此。我并没有想让你纵览全局，毕竟这个社会早已残破不已，有许多需要弥补的地方，可我希望你能够相信我，只要你换个角度、换个时间再看上几眼，便可以将你内心对巴黎的印象彻底改变。

比如说，欣赏一下巴黎的清晨美景。再来看看那些不计其数的劳动者吧。你看那些打扫道路的人，每当喝酒聚会和胡作非为之人离开以后，他们便开始工作了。他们穿着破烂衣服，神情是那么认真，身体的线条如雕像一般美好。他们仔细地收拾着狂欢后的残局。这些人里，有女性，也有老者，虽然天寒地冻，但他们也就呼了口气在手心里，便开始认真工作了。日复一日，年复一年。而且，他们可都是巴黎本地人呢。

再去看看郊区的工厂吧，特别是那种小型工厂。那里的工人正在努力地工作着，他们都是在为将来而努力奋斗的年轻人啊。还有那些年轻的姑娘们，她们愉悦地从远方来到这个城市，在各大商店和办公室里工作着。你也可以去看看她们的家人：妇女们正忙着为家人做饭，她的丈夫可能只是一个普通的职员，他们住的地方尤为拥挤，可能还有好几个孩子。看看这些普通人吧，认真地看一看。

等到你将富人区、贫民窟、文化人的聚集地和无知者的歇脚处都一一过目之后，你就不会做出那么严苛的评判了。巴黎就好像是这个世界的微缩版本，和别的地方并无二致，她的真善美沉静且低调，罪恶倒是放肆地舞动着四肢。若你能深入了解她，便会知道，一切的躁动和暧昧，还有偶尔的恐慌不过是巴黎生活的表象，她的内心仍充满善意。

我们花时间去思考这个事情，值得吗？当然值得，这样可以让我们对行事低调的真善美进行全面的思考，学会如何欣赏事情，并最终付诸实践。寻求物质满足感的人满眼只有钱，俨然已经迷失了自我。此后，他所见所行之事都将围绕一个"恶"字。在习以为常之后，他会认为钱是唯一能够让他开心、让他关注的东西，从此陷入虚幻表象的生活。拥有一定名声和地位之人，应该去感谢那些谦虚的前辈和被遗忘的先驱。不管是朴素的妇女和农民，还是失败而归的英雄，他们的生活都在展现着简单、高贵和美好。他们为我们做出了榜样，给予了我们无限的力量。在时光的变迁中，他们一直在证明着，隐秘而伟大的真善美包裹着世间最珍贵的宝藏，那就是熠熠闪光的简单和质朴。在缅怀他们的同时，我们定要好好地审视自我，是他们的平静和勇气让我们身上的重担稍稍减轻。

▲ 不可否认，城市中潜藏着罪恶，
但是也不能掩盖真善美的光芒。

第九章

简单的家庭

愚笨的市长

在法兰西第二帝国时期，有一座风景明媚的城市。那附近有一个温泉，拿破仑三世常常光顾。这个城市的市长是一个才华横溢且极为聪明之人，有一天，他忽然开始琢磨，要是君王某天来到他家拜访，他应该做些什么呢。在此之前，他一直遵循家族传统，和长辈们生活在一起。但是，在想到君王有可能突然来访之后，他彻底变了。之前所有的幸福快乐，以及淳朴的生活都被他嫌弃了。一国之君，如此尊贵，怎么可以去爬木楼梯呢，怎么能坐在那么旧的沙发上呢，怎么可以踩着破烂的地毯呢？越想越觉得不可以，于是，这个市长便喊来几个水泥工人和建筑工人，拆掉了一个个房间，推倒了旧墙，彻底改变了房屋原先的格局，硬生生在家中建出了一个迎宾客厅。全家人的生活空间被压缩了，家具横七竖八地摆着，日常的走动变得艰难起来。突如其来的想法驱使他动用了大量的生活经费，全家上下因此窘迫不堪，都变得郁郁寡欢，只有他每天都兴奋地盼望着君王的到来。然而，没过多久，法兰西第二帝国就灭亡了。

这样愚笨的不幸之人并不鲜见。那些宁愿将整个家庭都牺牲掉，也要满足自己物欲的人，同样是愚昧无知的。他们将家庭中最珍贵的事物抛于脑后，只为满足自己的野心，迎合世俗的不正之风。他们以为这种"付出"能带来幸福，可幸福却并未如期到来。

抛弃祖辈们所留下来的美好传统，任由家庭走向灭亡……不管是出于何种目的，都是愚蠢的交易。要是所有的家庭都变得贫穷不已，就意味着社会已病入膏肓。如果想让生命正常地发展下去，那就需要让每个人都发挥出应有的价值。若非如此，社会将会变成乱七八糟的羊群，连带头的牧羊人都寻找不到。然而，作为普通人，应该如何提炼出自身的独特品质？如何让它与他人的非凡个性和平相处，并一同为人类做出贡献，创造财富？

我们只能从家庭中找到答案，并且依靠自身力量去消化和理解。要是将每个家庭所散发的微光——那些记忆和经验全都抹去的话，那么个人品格的源头就会枯竭，群体的力量也将会走向终点，直至消失不见。

家庭情感

　　家庭情感是独一无二的，没有办法被其他事物取代。它能够培养出朴实且优质的品德，保证整个社会体制的完整和延续。家庭情感的源头是对传统事物的尊重，家庭中最为珍贵的财产便是一家人共同的记忆。这些记忆不可分割，不可转让，被家庭中的每一个成员视为珍宝，倾心守护。它们以两种形式存在于这个社会当中，即个人想法和现实状态。它们会反映在语言、思维习惯、情感和直觉等方面，还会反映在具体的家具、建筑、肖像和歌曲中。家庭记忆只属于家庭的成员，对别人而言是没有价值的。家庭中的每一位成员，理应明白家庭记忆的价值，就算付出所有，也应将这些财富守护好。

　　有的家庭原本已经形成了自身独有的个性——家具、家规和人都被安排得极为和谐。可是后来，因为娱乐消遣、家庭消费和婚姻关系出现了变化，这个家庭也开始变得市侩。它察觉家里的所有事物都已过时，又丑陋又简单，一点现代气息都没有。最初，它只是停留在批评或是玩笑的层面上，紧接着危机就出现了。要是你过分坚信它的推测，那么，翌日你将会扔掉家中的某样家具，再后来，你会将一条条美好的旧俗抛弃。如此这般，最后，你会将传家之宝亲手递给古董贩子，还会一并贩卖掉孝悌忠信的美好品德。

家庭生活

你把自己宠坏了，开始享受世俗的庸碌，而此时，你的亲朋好友们必将离你远去。然而你并不在乎这些，因为市侩是冷漠的，你对过去的人和事毫不关心。生活彻底换了副模样，你要是能看清，也一定会被吓一跳的。然而，你漠视了这一切，在你看来，只有纷纷扰扰的世俗才值得你关注。你把最宝贵的事物抛弃了，要不了多久，你就会发现物质世界的冰冷无情。你无法继续伪装下去，不得不开始重新构建自我。

很多年轻人在婚后不久便开始陷入世俗的泥泽。即使他们的长辈过着简朴的生活，树立了良好的榜样，但他们还是觉得，自己有选择如何生存和争取自由的权利，不应再被禁锢在传统的家庭生活中。他们随波逐流，盲目跟风，将那些他们自认为无价值的事物全都低价抛售了。他们不愿用那些具有纪念意义的事物来装饰房间，他们买来各种新式家具把房间填满，然而，这样做是毫无意义的，那些家具仅仅是一种意象罢了，难道有什么特别的价值吗？

在那种房间里生活的人，浑浑噩噩地呼吸着世俗的空气，内心想的都是世俗的生活，糊涂度日，混沌不清。如果说有家人打算放弃这样的生活，他们会急切地想要将那人的思想给扭转回来，告诉他："你可不能忘记啊！不要忘记你还有俱乐部和戏剧的约会，对了，你还有饭局呢！"最终，这个家变成他们的客栈，而非好好过日子的地方。

这样的家是没有灵魂的，没有任何贴近灵魂的事物。除了吃饭和睡觉，别的时间他们不会待在这儿，他们觉得自己要是不出去看看大千世界，世界就会停止运行。在他们看来，在家里待着是一种惩戒，这么做的话，没有人能见到他们。他们恐惧家庭生活，宁愿天天在外面漫无目的地花钱，也不愿在家里安然自得地休息。

看看周围，世俗已经彻底侵蚀了现代社会。若是家庭价值被耗尽，人将失去对事物的判断力。如今，自以为时髦之人开始追随生活潮流的步伐，逐渐变得俗不可耐。在这种情况下，有的人宁愿放弃家庭生活，也要飞奔投入娱乐消遣的怀抱。城市之外的人，通常会觉得老人们留下的房子住起来更舒服，这是为什么呢？因为，那个烟囱还在，那些柴火依旧，曾几何时，我们和长辈们于此促膝而坐。不知从什么时候起，家已不再是家了。人心变了，变得冲动，变得急于求成，变得不再朴实无华了。

我们应该好好珍惜家庭生活，好好守护这份宝藏。感谢那些有先见之明的人，在古装、方言、旧俗和民谣就快消失殆尽之时，他们作为守护者站了出来。不管是历史的碎片，还是祖辈的精神宝藏，若能保留下来，那实在是最大的善意。

▲ 家庭的价值在于它能给人无限的温暖与平静。
当我们沉浸于世俗的庸碌，家庭对于我们来说就越来越远。

家庭精神

当然，并非所有人都能得到家庭传统的指引。正因如此，我们更应该维护好家庭生活。守护一个家庭，不在于人力，也不在于物力，而在于要有家庭的精神。再小的村落也应该有历史，再小的家庭也应该有灵魂。家庭的气质和磁场具有神秘的力量。

当我们去拜访一个家庭，尚未入室便觉得阴冷无比、令人心悸，有一种莫名且无形的事物正在抵抗着我们；当我们走到另外一户人家门前，门都还未打开，就感受到了善意。俗话说"隔墙有耳"，其实墙上不仅有耳朵，还长着喉咙，它会无声地传递出一些信息。同样，家中的每一件物品都有其气息和个性。两个家庭竟然有如此大的差距！一个家庭冷冷清清，所有事物都死气沉沉，这一切都体现着主人的个性——"我不在意任何事物"。另一个家庭活泼、充满生机，还带着一种极具感染力的快乐，拜访者的耳朵会听到一个声音在说："不管你是哪位，希望你可以快乐幸福，一生一世！"

我们很难用文字来定义"家庭"的含义，很难描述窗前那束美

▲ 一个充满活力、生机、温暖的家庭，
当你走近的时候就可以感受到。反之亦然。

丽的鲜花所蕴含的深意，很难说清爷爷以前为何总是坐在椅子上，为
何要用满是皱纹的双手触摸孩子稚嫩的童颜。现代人真是不幸，为
迁徙和修葺忙碌一生！人们用上半辈子改造着城市和房屋、传统与信
仰，又用下半辈子拼命寻找安身之地。切记不要漠视家庭生活，这会
让整个生活都变得苦闷空虚。请重新点燃壁炉中的柴火，让家重新
温暖起来；请让爱重归平和之处，让老人安然长眠；请让家，永远
是家！

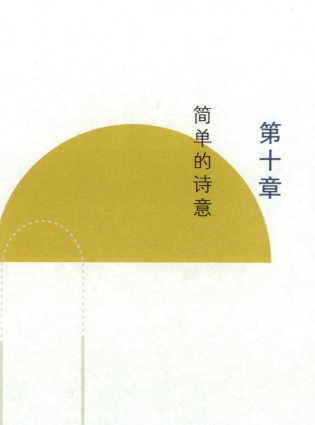

第十章

简单的诗意

奢侈的美

　　或许有些人会用"美学"的名义，来反对简单生活的自然状态，把"美"看作商业和艺术的先祖，认为文明社会需要用奢华来衬托优雅。可是，我们不应有这样的看法。

　　简单的精神不应有功利性。千万别将简单精神和贪心、吝啬混为一谈，不应将虚假的言行强加在简单精神之中，那样做就大错特错了。吝啬鬼们会觉得，简单的生活就是无限度地减少日常支出，而虚伪之人则认为，简单的生活是平凡无聊的，他们彻底屏蔽了生活中的快乐，忽视了生活中那些闪着光芒且极具吸引力的东西。

　　要是那些家财万贯之人能将多余的金钱投入到社会建设中，而非将财富储存起来，便能为商业和艺术带来生机。这便是我们所说的，用个人财富来造福世界。挥霍无度之人、自私自利之人，还有那些贪得无厌之人，都应该认真想一下，世上还有很多人衣食堪忧。一样都是有钱人，慷慨的慈善家会对社会做出贡献，而有些人却为一己私欲挥金如土。对于这两类人而言，"金钱"的意义是完全不同的，一种人想要帮助他人，另一种人只会损害他人利益。既然可以毫无顾忌地花钱，那就说明他们的财富是足够多的。即便如此，整日挥霍无度，也是极其错误的行为和想法，这也是我们这个时代的独特现象，本应节俭度日，却偏要大肆挥霍。大方且慈善的言行对社会是有促进作用的，并能产生好的结果。

实际上，我们有时候会认为，当部分有钱人乱花钱的时候，根本不需要去阻拦他们，因为他们物质过剩，需要一个安全通道来解决问题。我们所担心的是，他们这样挥霍无度的行为会影响很多旁观者，而那些旁观者本应该节俭度日却选择效仿有钱人。奢侈的生活会让他们变得不幸，从而对社会造成威胁。

堕落的艺术审美

大多数人都有一个错误的认知，觉得简单和美是不相容的。但实际上，简单并非丑陋的同义词，而美也不等于奢华，不等于时尚和高贵。在俗气的饰品、堕落的艺术审美、华而不实的奢侈品共同构建的庸俗生活中，我们迷茫无助。有时候，耗费大量的财富换来的是低劣的品位，这是令人痛惜的事情。人们会因此心生悔意，幡然醒悟，埋怨自己花了很多钱居然导致如此可怕的结果。

现如今，艺术和文学都缺少简单的精神，牵强附会、浮躁虚伪。鲜有作品可以让人们停下脚步，动用敏锐的洞察力对线条、颜色和形式进行分析。真理，是能够接受人们明确且理性的检验的。人们需要简单的精神，需要重新认识理想的美好，重新将它们印刻在艺术当中。

日常生活的美学是不容忽视的。我们应该关心家中的装饰和个人的打扮，若是敷衍了事的话，生活就会黯然失色。工作的细节也特别重要，通过细节我们可以看出一个人是否愿意全身心地投身到工作之中。我们应该花适量的时间和精力去美化和改善日常生活，将生活逐渐变得富有诗意，而不应该蹉跎光阴，把精力浪费在毫无意义的事情上。

大自然为我们树立了很好的榜样，我们应该利用瞬息万变的美好事物，好好装点自己的生活。忽视了生活中的美好事物，就意味着失去了大自然的馈赠。不管是应季盛开的百合花，还是傲然挺立的山峰，都蕴含着大自然的关爱和善意。

不过，我们不能因此将空虚的美好和真实的美丽相提并论。何为诗意？何为美丽？全在于你作何理解。无论是餐桌、服饰，还是居住之地，作何诠释也在于你自己。我们需要建立这样的观念，然后用简单的方法将它呈现出来。一个人可能不太有钱，但他的言行和居住环境却可以充满魅力并尽显优雅，因为他有美好的期望和不错的品位。

日常装扮

　　非让女性穿上粗布麻衣是有悖自然之美的，这绝不是正确的"穿衣之道"。如果认为人们穿衣不过是为了避寒而已，那么，一块麻布就可以做到取暖了。但是，服饰不仅仅是用来抵御寒冷的，它更是一种象征。不仅如此，就女性而言，每天所穿的衣服还有着更深层次的含义。

　　对于服饰而言，意义越是深刻，欣赏的价值也就越高。想要得到真正的美丽，首先装扮一定得是干净简洁的，在此基础上，还需要展现出真实且独一无二的个性。一个人要是按照自身习惯随意穿戴，甚至毫不在乎自身和衣物间是否存在和谐的关系，那么就算花了大量的金钱，那也只是买了套减分的衣服而已。那些过于时尚过于另类或无法体现个性和特质的服饰，是谈不上美好的。人们花大价钱买下了它们，却无法展示出自己的美。这就好比一个年轻姑娘能说会道、思维清晰、想法独特，但是她说的每一个字都是从语录上背下来的，你会作何感想？说别人说过的话，有什么魅力可言吗？衣服设计得再怎么精致，如果千篇一律也不适合个人，那还有什么差别吗？

在这里，我忽然想起比利时作家勒莫尼埃曾说过的一段话：自然给予女性一双具有魔力的双手，她们可以依靠本能感知到，那是属于她们自身的能力，好像是吐丝之蚕，也像是机敏织网的蜘蛛。她们是写诗之人，是聪敏和优雅的传播者，是神秘之网里的缔造者。她投注全身心的努力争取男女平等，但这种努力还是比不上她那双编织梦想、创造思想的双手。

▲ 适合自己的装扮才是最美丽的。
不随波逐流，不人云亦云，要学会穿出属于自己的风格。

啊，我多么希望她可以用自身的这个能力获得更多的赞美。教育在于用头脑去思考，用内心去感受，替无形的"自我"找到独特的个性，绝非压抑自我、随波逐流。我所希望的是，终有一天会成为母亲的美丽姑娘们，能早日学习衣容之道，提升自身品位，选择适宜的服饰，借以淋漓尽致地表达出女性之美；若非如此，人与衣着不相宜，如同画蛇添足，适得其反。

衣服可以反映出生活的整体形象，帽子是诗歌，腰带是绚丽的艺术品，而屋内陈设则是与主人灵魂的通话记录。为何要用繁复的装饰来侵蚀自身高贵的个性呢？为何要把千篇一律的风格带到家里，将卧室设计得和酒店一样，将客厅设计得像个接待处呢？

看一看城市的房屋、国家的建筑，尽是毫无二致、如出一辙的构造和景象，这种场面实在令人不悦！要是可以再简单一些的话，应该会更加美丽吧！面对无数廉价的装饰品和无趣的夸张效仿，我们为何不尝试着做出一些改变呢？快乐的创作能让人眼前一亮，别致的设计能令人心情舒畅。就像古董一样，每一件居家用品都应有独特之美。

诗意不远

很多人对日常生活心不在焉，也不关心家事，这些人心怀谬误，以为只有特定之物才蕴含美丽和诗意，还认为有些事本就和美毫不相关，认为琴棋书画都是高尚者的职业，令人赞叹，而扫地做饭都是卑贱的工作，令人厌恶。这种想法实在是可笑至极！

不管我们手上拿着的是竖琴还是扫把，那都不是最重要的，重要的是如何使用它们、如何理解它们。事物本身是不存在诗意的，诗意存在于人的内心，它没有形状，只有精神，附着在四周的一切事物之上。这就如同，雕塑家心怀梦想，并将梦想刻在了大理石上。要是我们觉得工作和生活很无聊，那是因为我们还不清楚如何让诗意得以显现。艺术可以让事物焕发生机，让浮躁归于平和。

有人讲，在这个世界上是不存在精灵的，显然，他们对世界的理解出现了偏差。曾几何时，诗人们用诗文歌颂精灵，而现在，不管是努力和面的糕点师傅、缝补衣服的裁缝，还是细心照顾病患的护士，他们身上都存在着精灵，如若不信，就看看他们那双创造出佳看和美服的双手吧。

毫无疑问，艺术和文化皆有高尚且精巧的一面，令人惊讶的杰出作品最终都会来到我们面前，进入我们的生活和思想。

▲ 只要我们有诗意的精神，我们的生活就会充满诗意。

亲手创作

在日常生活中，并非人人都能接受艺术的洗礼，都可以拥有、明白或创作出质朴的艺术。然而，有一种艺术是我们都能企及的，那便是用双手完成美丽的手工作品。华丽的房舍若是没有手工的精雕细琢，便只能算是一个生硬冰冷的空间，简陋的住所若是有了手工的加持，则会变得充满生机。在所有能够传递幸福和情感的力量之中，手工的美好才是最实际的。就算环境再破烂，它也能用最简单的形式来呈现自我。不管房子有多小，陈设有多简陋，但人总是有天分的，会想到办法把它打理得井井有条、安逸舒适。

人所做的每件事都是充满爱和思考的。他会认为，勤于家务并非有钱人的特权，而是应有的生活态度；他会设法让自己的家展示出不输于富贵之家的魅力和尊严。要知道，这种事若是借他人之手，可是完成不了的。

于是，我们终于知道了，生命潜藏于无处不在、不露锋芒却触手可及的美好之中。想要做真实的自己，想要了解生命中最真切的美好，就到生活中去寻找吧。请让生活充满美的精神，让事物由外而内地散发出迷人的魅力，让最粗蛮的人也可以很轻松地感受到美好。和效仿他人相比，和舍弃自我相比，和炫耀自我相比，难道不是更加美好吗？

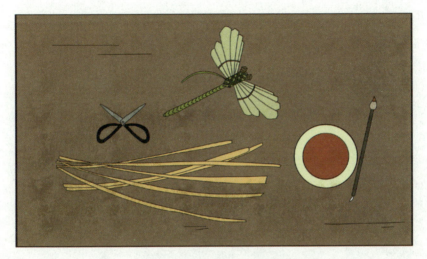

▲ 手工作品是世界上最美的艺术品，
因为其中倾注了我们独一无二的感情。

第十一章

简单的谦逊

傲慢的危害

　　傲慢的存在，足以证明：想要保持简单美好的生活状态，关键在于我们自己，而不是外部因素。毫无疑问，外部环境的多样性和多变性，以及社会条件的各种差异都会导致冲突的产生。即便是这样，要是我们在制订计划的时候能秉持简单的精神，那么，社会关系也会在较大程度上得到简化。我们可以完全确定的是，产生这个问题的根源不是等级和职业上的差别，也不是命运的安排。要是这些是主要原因的话，那么我们和命运相似之人都应该建立起和平的关系才对。但现实正好相反，我们都清楚，最大的冲突通常会出现在同一类人之间，这种内战算是最为惨烈的。傲慢是最能阻碍人们互相理解的事物了。当你触碰到它的时候，你就会受到伤害。

　　让我们先讲讲大人物的傲慢吧。见到一个大人物坐在车上从我身边经过时，我感到很不开心，并不是因为他豪华的车辆或华丽的衣服，更不是因为他拥有众多的侍从，而是因为他飞扬跋扈且目中无人的态度。我很生气，不是因为他拥有豪宅，而是因为他飞快的车子带动车轮将路上的泥水飞溅到了我身上，他却表现出颐指气使的模样，他认为我和他是不一样的，他是有钱的主儿，所以我才恼怒。这样的人用高人一等的态度羞辱我们，给我们带来了很多不必要的痛苦。我们恼怒的是，这个讨厌且傲慢之人的脸上毫无善意，而不是因为我们自己蛮横无理。不用说太多这样的感受，任何一个认真生活的人都有此种经历，会同意我上面所讲的话。

财富滋生傲慢

　　现在的社会中，物质和利益已经占了上风，对金钱的占有欲支配着人心，于是人们开始用钞票来衡量一个人的价值，认为自尊心和保险箱中的金钱是成正比的。社会被分层了，顶层是豪门富商，接下来是有钱的中产阶级，然后是普通人，最后是一无所有的穷人。人与人之间的交往被这个分层控制着。稍微有些钱的人会看不起那些不太有钱的人，同时，他们也被那些比他们更有钱的人看不起。这种社会环境最容易滋生出恶劣的言行，因此，真正需要调整的是有钱人的心态，而非金钱本身。

　　很多有钱人都很肤浅，特别是那些一直以来都生活在舒适之中的人，更加不清楚这个道理。他们忘记了，不应让对比过于明显。能够过上富裕的生活，对个人而言是件好事，但是那也没有必要太过张扬，用它们来灼伤那些连基本生活都支撑不了的人的眼睛，更没必要在穷苦家庭的门前大声炫耀。一个品德高尚且谦虚的有钱人，不会在将要去世的病患面前吹嘘自己有多么好的胃口。但是，很多有钱人是根本做不到这一点的。另外，他们是缺乏同情心的，判断力也是不够的。那么，要是一个人做了某些让人生气的事情，还抱怨他人妒忌心强，岂不是很没有道理？

▲ 我们应该明白，以财富决定社会地位，是不对的。

最为关键的是，人们的判断力是不足的，不断地将自信心和自尊心建立在金钱的层面上。将个性定义为富有，那样的想法是相当幼稚且荒谬的。单单用容器的外形去判断容器中物品的质量，这种举动完全是一种自欺欺人的做法。我忍不住想要说："一定要警惕，千万不要将你所拥有的事物和你的本性混淆在一起。要看清楚事物的本质，或许你会在华丽的外表下看到幼稚和道德的沦丧。"

一个人要是由于别人富裕而觉得自身卑微无比，那么他就会忘记，被大多数人信任才是最大的财富。自由和财产本身并不是不正当的，身在社会就应顾及他人的想法。财富不仅仅是用来炫耀的，更意味着你背负着社会责任。想要创造富庶的生活并没那么简单，需要潜行研究。

大部分人都会认为，只要拥有了财富，就能自在地享受生活，而无须做其他事情。马丁·路德有一个精妙的比喻，财富就好像是一个竖琴，被人们傻乎乎地揽在怀里，可惜的是，那些人根本不清楚怎么拨动琴弦才能发出优雅的音乐。

因此，如果我们碰到了富裕但生活简单的人，便会发现，他们正用个人的金钱造福着社会，是值得尊敬的。他们冲破了重重阻碍，经受了各种各样严峻的考验，抵挡住了各种巨大且隐藏的诱惑。他们可以在金钱中洁身自好，而不会用财富多寡来评判他人。即使他们所处的地位是优越的，但并未因此而变得狂妄自大，反而更加谦虚。他们心中非常清楚，肩上还背负着沉重的责任。他们助人为乐，平易近人，并没有将财富视为界限，将自己和他人隔离开来，相反，他们通过财富让自己和他人越来越接近。有的有钱人尽管是傲慢和自私的，可他们身上仍然会散发出正义的光芒，这是极其难得和可贵的。和他们接触过，且深知他们为人的旁观者们皆会不禁自问："要是我也拥有像他那样多的财富，我会怎么做呢？我是否可以做到那样的刚正且谦虚，对身外之物视而不见呢？"在这个世界上，只要有人类存在，自私和妒忌就会存在。秉持简单精神的有钱人是值得尊敬的，我们不但不该妒忌和憎恨他们，相反，应该喜爱和尊重他们。

权力滋生傲慢

　　权力所滋生出来的傲慢，比财富所滋生出来的傲慢更加危险。在每一个组织里都存在权力阶层，只是权力的来源不同。在这个世界上，并非每一个人都拥有相同的权力。可是，如果过分地追求所谓的权力，人们就会迷失在权力当中。人们对权力产生了错误的认知，并开始滥用权力，不管在什么地方，只要看见了一点点权力的影子，就会立马俯首称臣。拥有权力之人一定要保持头脑清醒，不能让权力动摇了内心的信念。

　　如我们所知，罗马帝国时期的君王们无一不是专横霸道的，实际上，这种专横已经成为普遍现象，随时随地都能见到。在每个人的内心深处都沉睡着一个暴戾的君王，他正在等待着醒来的那一刻。这个暴戾的君王是我们最强劲的敌人，因为专横是令人无法忍受的。在暴君的统治之下，矛盾冲突和恶意便随之而来，让我们的生活变得越来越复杂化。每一个人都会对依附者说："照我说的去做，这样我就会比较高兴。"

值得庆幸的是，世间尚还存在着一个激励我们反抗个人权力的事物，这个事物是值得尊敬的。世人生而平等，没有人有权强迫他人服从自己。要是有人那样做的话，那他的命令对人们来说绝对是羞辱，同时，没有人会接受这种耻辱。

我们都经历过学校生活或者服过兵役、出入职场，甚至涉足政治，有过上下级的关系，遇见过趾高气扬的人，在此之后，我们学会了如何用态度伤害他人。自由的心灵被套上了枷锁，被激起了背叛之意。发号施令之人和服从之人的地位越悬殊，就越容易导致这种局面，甚至会引发灾难性事件。最难以拯救的暴戾君王是我们自己。

和雇主、管理者相比，在职场上，领班和监工会显得更加蛮横粗暴。和上校相比，下士通常会更加严厉，而落在一个陶醉于权力的中尉手中，才是最悲哀的事情！

我们早就已经忘记，拥有权力之人所要恪守的第一准则便是谦虚。桀骜不驯并不意味着权威。人不是法律，法律是高于我们所有人的，我们所能做的便是解释它。如果想令他人信服，那么我们就必须先做出表率。

在人类社会中，服从和命令这两种形式始终是隶属于同一种美德的，即无私地付出。如果别人不想听从你的命令，一般来说，那是因为你也不想听从他人的指示。

用简单的方法来管理人和事是高尚的，简单的力量是极为强大的。这样的管理者懂得用精神的力量来缓和无情的现实，他们的权力不会在肩膀的徽章上表现出来，也不会在高贵的头衔上体现出来，更

▲ 权力滋生的傲慢是最值得警惕的，
必须谨记，法律是判定一切对错的准绳。

不会在严明的纪律上表现出来。不需要诱惑，也不需要威胁，他们就
可以简单地达成目的。

原因是什么呢？

因为他们做好了付出一切的准备。在此基础上，他们获得了一
定的权力，可以命令他人付出时间、财富和感情，甚至于生命。

事实上，他们不但做好了付出的准备，还做出了榜样。要是一
个人随时随地准备着付出所有，那么，他的命令就会有一种神秘的力

量，会让他人甘心服从和践行。只要是有人存在的地方，就会存在这样的首领，他们能够激励军队，让军队变得更加强大，从而创造出奇迹。他的手下会倾尽所有，就算是上刀山下火海，他们也心甘情愿。

傲慢无处不在

　　当然，有傲慢的大人物，就会有傲慢的小人物。在这两种人身上，傲慢的源头实则是一样的。蛮横且傲慢的小人物会说"我就是法律"，然后招致诸多抗议；那些愚蠢的官员总会表现出狂妄和自大，不愿承认自己的无知。

　　确实，在卓越的人和事面前，有些人会心生愤怒。他们认为，优秀者的建议其实是在攻击他们，优秀者的批评其实是在强迫他们接受指责，所有的命令都是为了剥夺他们的自由。他们不守规矩，对他们来讲，尊敬一个人或一件事情，似乎是一种心理异常的表现。

　　这是个傲慢的群体。有的人很敏感，很难相处，他们总是怀着"以身殉职"的心情做着工作，认为领导永远不会把荣誉奖章挂到自己身上，不管他们的领导有多么宽容善良，他们总是抱怨连连。所有的不满慢慢累积，到最后让自尊偏离了正轨。他们对自我的定位出现了偏差，开始无理取闹，疑神疑鬼，给他人的生活带去了无尽的麻烦。

　　认真地看一下周围的人，你会有惊人的发现——傲慢无处不在。这股邪恶的力量甚是强大，侵蚀着世间的每一个人。它在人与人之间修筑起高墙，让人们彼此隔绝。野心和蔑视是傲慢设下的陷阱，藏匿在"优雅"的偏见中，以躲避人们的巡查和追捕。不管是身处高位，还是地位低贱，傲慢一直在小心翼翼地伺机而动。

人们因为地位和阶层的不同而彼此心中设防，究其根本，并不是因为外在条件太过悬殊，而是因为内心世界即将崩塌。因为利益产生了冲突，地位又天差地别，所以人与人之间出现了裂痕，而后，傲慢让这道裂痕变成深渊。

傲慢的表现形式是言无不尽的。但最令人无法接受的是，傲慢总和知识纠缠不清。在社会——包括财富和权力——的帮助下，我们逐渐积累起了一定的知识。知识的力量是用来为人类服务的，但前提是，拥有丰富知识的人需要宽容那些一无所知的人。如果知识落入了野心和欲望的陷阱，它便会变成摧毁一切的邪恶力量。

向善之人会不会傲慢呢？答案是会，而且善者一旦傲慢，便会失去美德的加持。

有人认为，恶人应该好好忏悔，从某种角度上来看，这是符合社会舆论的。不过，如果只是因为犯了小小的错误就报以藐视之态，那也是不符合人性的。这也不是真正的善，而是站在道德的制高点上去评价他人的虚荣。被虚荣侵蚀的"善者"，和那些有钱有势的傲慢之徒是同一种人。

简单来说，无论我们身上有何优势，我们都不能用它来满足自己的虚荣心，那是相当错误的行为。我们可以因为自己拥有这些优势而感到欣慰，但绝不能孤高自傲。不管是金钱还是名利，知识还是思想，如果被用来供养"傲慢"，就一定会结出恶果。追求卓越且虚怀若谷，才是真正的善行，才会得到善果。

谦逊的可贵

倘若在权力和地位的面前，我们仍能保持谦虚谨慎，那就意味着我们拥有清醒的头脑，能担当起一番重任。倘若在渊博的知识面前，我们仍能保持谦虚的姿态，那就说明我们已经明白了知识无穷尽，且我们已经充分了解自我和他人。

重中之重则是，善念让人谦恭。因为善良的人最能洞察出自己内心的缺陷，而且，善良的人懂得宽容，哪怕自己受到了伤害，也会始终心存大爱。

或许会有人问："那么，生活的特性，又该放在何处？在不断简化的过程中，生活关系和人际关系的差异性又在哪里？"

我并不是说，人们的个性和差异是不好的事物，我只是想强调，想成为一个卓越的人，关键因素不是他的地位、职业、穿着打扮和兜里的钱，而是他的心灵。

当今时代，虚荣的假面已被揭开，对人们而言，这是个好事情。专制的权利已没落，头上的皇冠不过是个象征罢了，与荣耀无

▲ 拥有财富不代表拥有处置生命的权力。
富有的人理应承担更多的社会责任，
如果不能意识到这一点，财富将成为杀人的帮凶。

关。当然，我们不应该蔑视那些具有象征意义的事物，毕竟存在即合理，只是在某些情况下，它们会将事实深深掩埋。倘若它们不再替事实说话，便会成为一个危险的利器。

真正的个性是需要体现自我价值的。你若位高权重，就务必要言行无愧于自身地位，若非如此，恶意和傲慢便会伺机而动，腐蚀你的内心。

遗憾的是，当今社会的人际关系越来越缺少彼此间的尊重，而问题并不是出在卑微之人身上，并不是因为他们作茧自缚或画地为牢。有了权力和地位之后，有的人便认为，自己可以逃避社会义务。

这种观念极为可怕，是恶意的帮凶，会让人在追逐名利的过程中迷失自我，彻底将谦恭之心抛于脑后，甚至违法乱纪。恰恰相反的是，为求得尊重而全力以赴的人们总是收获甚少。正因如此，尊重与我们的生活渐行渐远。

想要不断提升自我，这样的理念体现出了生命的独特魅力。希望能不断提升自我的人，定会更加谦逊和平和，待人友善，还能宽容不义之人。在走向成功的道路上，他始终保持着自己的个性。一个人越是谦逊，所得到的尊重也会越多。

第十二章

简单的教育

牢笼中的孩子

简单，是人的精神产物，而且和教育息息相关。教育方式大致可以分为两类：第一类是以父母的目标为基础，第二类是以孩子自身的目标为基础。

在第一类教育方式中，父母把自身的希望都寄托在孩子身上，视孩子为家庭资产。如果父母对家庭情感很重视，那么这种孩子的家庭地位就会很高，甚至是家庭中地位最高的。如果父母更注重于物质生活，那么孩子的地位就没那么高了，甚至会排在最后，也可能在家庭中毫无地位。这种孩子，在年纪很小的时候会十分依赖父母，这不仅仅意味着驯服，更意味着他在家庭中没什么存在感，也没什么个性。

在成长的过程中，这种上下级般的关系限制了孩子的一切，包括他们的情感和思想。渐渐地，他们会越来越软弱，越来越没有信心。成年后，普通的孩子在精神和生活上都会慢慢独立起来，而这类孩子却难以独立，很依赖他人，思想行为都容易被人控制。

他们的言行举止都首先要获得父母的应允，并且要契合父母的理念、政治立场和审美等。也就是说，他们的思想、情感和行为都受到了父母的专制统治。很多个性缺失的孩子都成长在这类专制的家庭里。

▲ 将孩子锁在牢笼中，或者试图规定孩子的成长轨迹，
都是违背生命发展原则的。

这些父母坚定地认为，只有把孩子视为家庭资产，才能组织起正常的家庭秩序。这类父母是很不明智的，他们用唉声叹气、请求、

要求，甚至物质诱惑来控制孩子的身心。倘若这些伎俩没有效果的话，他们就会想尽一切办法来限制孩子的行为。他们把孩子强迫禁锢在自己的生活中，不愿让孩子离开他们，更不容许孩子为自己而活。

窥一斑而知全豹，我们的社会也有同样的问题。

社会要想稳定所有新进入的成员，在力求融合的过程中，会采用一些强制性措施，让新成员认同自身的各个方面。从某种意义上来说，在社会意志面前，个人意识只会被削减、被击碎、被同化，最后不得不向神权主义、资本主义，或者官僚主义妥协。这看起来似乎并没有违背简单的精神，但实际上，凡事都过犹不及。

如果个体只是人类这个物种的"样品"，或许社会的这种手段足以堪称完美。这就好像同一种群的每一只昆虫都具有一模一样的种群特征，我们人类也应该有如出一辙的意志、信念、语言和个性。然而，人类个体毕竟不是物种样品，这样的手段无论如何也达不到"如出一辙"的效果。个人意志是决然不同的，因此我们的社会也好，组织也罢，才会有所选择地打压、麻痹和摧毁个人意志。

在我们的社会中，各种黑暗势力伺机而动，它们企图改变社会格局，扰乱社会秩序，以阻止光明的到来。邪恶的意志蛰伏在平和的表象之下，冷漠的叛逆隐藏在原有的秩序之中。

恶果就在眼前：看起来天然无害，实则会引发各种危机。

称霸的孩子

　　在第二种教育方式中，孩子自身的目标占据了主导地位。一切都颠倒了过来：父母为孩子而活，孩子一来到这个世界上，就成为家庭的核心和焦点。不管是祖辈，还是父辈，都整日围着孩子转，竭尽所能地贡献出自己的全部力量。

　　孩了稚嫩的请求成了他们的第一要务，他们所做的一切都是为了满足孩子的需求。孩子的夜啼让父母忘记了自身的疲惫，其他人也会赶紧从床上爬起来去安慰孩子。要不了多久，孩子就会洞察到这些地位偏颇的情况，开始向周围人索求想要的一切。这种情况，随着孩子的成长，会越来越严重。不管是父母还是祖父母，人人都得听他的指使。

　　这类孩子总活在一片赞许之声中，倘若有人提出了质疑，便会被他视为不敬之人。他们认为自己高人一等，个人意志就是绝对真理，他们成了家中的霸主，眼中容不下任何人。多年以后，家人们幡然醒悟，但为时已晚。因为，他们从不在意别人的付出，心无敬意，更别说悲悯之心；对于给了他们生命和生活的人，他们同样毫不在意；他们不把法律放在眼里，更不懂得克制自己。

▲ 过度宠溺孩子会让孩子成长为混世魔王，
到那时再想矫正，已经来不及了。

　　在社会中，这样的情况比比皆是，譬如不尊重历史事实，不考虑未来发展，传统在消亡、纪律被破坏、尊重被掩埋。在那些偏爱炫耀自我的无能之人身上，我们能看到这种教育方式的最终后果。在这样的教育理念下，冲动控制了人的行为，欲望控制了人的内心。

　　这两类教育方式都是极端的，第一类一味地强调牺牲自我、顾全大局，第二类一味地宣扬自我、不顾他人。第一类是传统意义上的专制思想，第二类是新的霸权主义——不管是哪种方式，都后患无穷。而最坏的情况则是，如果这两类教育方式都指向了同一个人，那么他将永远游走在被人统治和统治他人之间，犹豫不决，来回变化。

教育的目的

  教育不应只以孩子的目标为基础，也不应只以父母的目标为基础。生而为人，不是为了追逐名利，也不是为了成为范本。真正的教育，要教会孩子为了自己的人生而努力奋进，将他们培养成积极向上、友善互助、追求自由的社会成员。若非如此，我们的社会便会越来越混乱，生活将越来越复杂，越来越扭曲。

  说到人生，自然离不开"未来"这两个字。我们常说，孩子是人类的未来，这句话饱含深意，蕴含着往昔的励精图治、当下的忍辱负重和未来的辉煌发展。站在起跑线上的孩子们，是看不到远方盛景的，他们还不懂得未来的真实含义。他们的人生道路，由谁指引着？当然是家人和老师。可是，因为缺少反省和思考，很多父母和老师都尚未意识到，教育不仅仅关乎自身和孩子的幸福，也关乎整个人类的幸福。若是明白了这一点，那么引领之人便会去认真关注孩子身上两个层面的状态——萌芽阶段的个人意志和这种意志的社会指向性。

　　不管孩子将走向何方，身为父母之人都必须记住，这个生命个体不但要拥有自我，还要成为"生活中的他"。这两种状态是相辅相成、和谐共生的。只有在拥有了自我之后，才能明白大爱无疆，奉献无价；同时，也只有在明白了"你、我、他"互为一体，并和他人建立起和谐关系之后，才能成全自我，找到生命的意义。

　　我们要让孩子明白，心中要有"我"，也要有"他"；我们要帮助孩子避免一切恶势力的干扰和侵蚀。那些可以导致混乱的恶势力，有的来自外界，也有的源于内心。滥用职权的教育者，便是外界的恶势力之一。他们的教育手段往往是极端的，并体现着他们对权力的追求。权力不该和教育挂上钩，教育者不该师心自用，不该思想狭隘，那样做会让孩子们轻视他人。

　　在人生的最初阶段，自我认知是活跃的、毫无束缚的，所以，教育者需要力求内心的平衡，找到平和的、高尚的、温和的力量。作为教育者，需要大公无私地、坚持不懈地在孩子们心中播撒平和、高尚的种子。也就是说，教育者所传递的，是这世上所有的重要事物。他们需要将更丰富的认知、更活跃的思想和更高级的观念传授于孩子，但不能采用强制性手段。在教育者的努力之下，这些思想会保护孩子们内心最朴实的生命力。如此一来，孩子们既能拥有卓越的奉献精神，也能拥有真正的自由精神。

　　教育者必须具有观察力和引导力，不能成为孩子们的绊脚石。要知道，孩子们在必要的时候会纵身一跃，跳过这块阻碍自己前行的石头。教育者理应像一面无法撼动的透明城墙一样，不怕任何事实、法律，甚至真理的挑战。

　　只有这样，孩子们才会懂得尊重他人，而尊重他人才能得到真正的自由。

懂得尊重

　　简单的教育，懂得尊重，拥有自由，成为"我"，也要成为"他"。

　　有的孩子不够尊重他人，但我们不能因此而认为，他们生来如此。尊重是人类的基本需求之一，也是道德规范基础的一种。孩子很容易陷入盲目的推崇和疯狂的追随当中，若不及时做出引导，孩子便会迷失方向，越来越颓败。作为成年人，如果做不到言行一致，做不到彼此尊重，那么在孩子看来，他们的教育理念肯定是和尊重这件事相冲突的。

　　这个问题在如今的服务行业中很突显，说到底，都是父母们一手造成的。

　　在孩子身上，我们可以看见成年人的偏执和蔑视，他们缺乏简单的精神和友善的心态。有的父母还没有意识到，本就不该将孩子视为奴仆。或许你坚称，社会地位理应高低有别，社会阶层理应清晰明了，人们理应各安其位、尊卑有别，但你忽视了这样一个道理，那些为我们服务的人，也是人类的一员。你有没有告诉过孩子，在和服务

人员交流的时候要不失礼貌，想要得到他人的重视，就要学会尊重
他人？

人与人之间的尊重，是健全社会的标志之一，而培养尊重之心
的最佳场地无疑就是家庭。有的人怀有尊重之心，却不知如何正确地
表达出来，所以他们总是心口不一，表现得很虚伪。在这样的环境
中，我们的孩子将越来越傲慢和暴戾。倘若因为我们的过失，未能让
孩子抱有一颗尊重之心的话，那么我们终将会自食其果。

朴实的品质

只有朴实的人才会懂得何为尊重，而只有朴实的生活才能培养出尊重之心。

不管家庭财富多寡，你都不应让孩子心存高人一等的想法。 你或许有能力为孩子提供锦衣玉食的生活，但千万不能忘记，这样做或许会在孩子心中种下虚荣的种子。舒适的服饰便已足够，不要让孩子以为，有钱就能看不起他人，最关键的是，不要让奢华的生活阻碍了孩子人际关系的发展。倘若你的生活本就很拮据，就更不应绞尽脑汁地把孩子打扮得光鲜亮丽，而应该将精力投入到更有意义的事情上。力所不能及的生活，是你不该提供给孩子的，那样做会引发一系列的危机。在这类家庭里长大的孩子，会变得势力自私、孤高自傲、鄙视他人。有朝一日，你精心打造的"王子公主"会鄙视你所付出的一切，会掀翻你的家庭地位，而到那时，你不应深感意外，因为这些都是预料之中的事。你亲手毁了你的孩子，你会因此而付出沉痛的代价。不管是何种教育方式，如果让孩子看不起自己的父母，看不起家庭传统，那就注定会引发悲剧。

　　大自然的发展是缓慢的，是循序渐进的，绝不会忽然来个大跃进。在帮助孩子们筹划人生的时候，大自然的明智之举很值得我们借鉴。所谓的大跃进可不是什么进步，只会让孩子越来越讨厌父母的一切，职业也好，理想也罢，会毁掉孩子们原本单纯质朴的心灵。当农民的孩子开始讨厌土地，当水手的孩子开始蔑视海洋，当工人的孩子产生了拜金思想，离家出走不愿归来时，我们的社会便无药可救了。如果每一位社会成员都能像父母一样，在平凡或不平凡的岗位上兢兢业业，表现卓然，既努力追求个人的理想，又践行社会的责任和义务，那我们的社会便会越来越健全。

　　▲ 教会孩子朴实，比给他华美的衣服、
　　　 富裕的生活更加重要。

独立性

教育，应该培养孩子的独立性和自主性。 想让孩子拥有独立自主的人生，就要用简单的教育方式来引导他们，不要认为那样做会阻碍孩子的发展。

无论是吃穿住行，还是消遣娱乐，都应该回归到简单自然的状态。父母总希望孩子能生活得无忧无虑，但有的时候，孩子会因此而变得懒散、贪图享乐，而这些心态和个性本不应属于他们这个年纪。总有一天，孩子会厌恶这样的生活，享乐已无法让他开心快乐，而到那时，他定会迷茫无措。如果有一天，当不幸敲响了他家的大门，生活急转直下，他和他的父母都不得不面临极大的挑战，那他就会舍弃尊严。

用简单的教育方式来引导孩子吧，让他们拥有强健的体魄和吃苦耐劳的精神。奢侈不是生活的必备用品，孩子们需要拥有正直、独立和坚韧的品质，需要拥有感知快乐的能力，需要成为一个值得他人信赖的人。

安逸的生活会动摇人的心智，消磨人的意志，让人变得麻木、绝望、脱离现实，如同行尸走肉一般。眼下很多年轻人正困在这种安逸生活当中。他们沾染上了各种坏习气，变得心事重重、质疑一切、腐朽不堪。在这些年轻人眼中，生命毫无价值。面对这样的情况，我们应该好好反省一下。幸福的生活是建立在真实、主动、积极的基础上，而不是建立在冲动、物欲、刺激和诱惑之上。如果没有健康的体魄，何以见到灿烂骄阳；如果没有爱的能力，何以留住简单的美好。

有些人伪善地活着，思想越来越浅薄，语言越来越贫乏。在虚伪的背后，藏着怯懦和愚昧。内心自由且拥有坚定信念的人，绝不会顾左右而言他。因此，我们理应激励孩子们勇于表达自我。

然而，我们自己在生活中又表现得如何呢？克制自我，压抑个性，向他人看齐。在大多数人看来，保持一致就是优秀的表现；而尊重内心感受，按照自我想法行事，追求自我个性等，都是无理取闹、有悖于生活的传统要求。

可是，教育有时候是暴戾的，它会当着我们的面，扼杀掉那些支撑着我们活下去的唯一的信念。它扼杀了多少的灵魂啊！一些非凡的灵魂被它瞬间摧毁，而另一些则在它的囚笼中求生不能，求死不得。独立的人格，在教育的统治下低下了头。那些腐朽的、空洞的、毫无意义的教育之道，成为我们这个时代的标准之一。

值得庆幸的是，真理还站在我们这边，在帮助我们摆脱困境。

请告诉你的孩子，不要停止追求自我的脚步，不要缄默不语，也不要夸夸其谈，一定要铿锵有力地表达自我。请告诉他们，诚实至关重要，在错误和失败面前，要勇于承担，莫要隐瞒和粉饰一切过错。这样做，才能得到他人真正的欣赏。

守护纯真之心

教育者不仅要对孩子坦诚相待，还要懂得保护他们的至纯之心。纯真是所有人儿时的伙伴，尽管稚嫩，却是最朴实的善意，一旦遗失，再难寻觅。它和真理如影相随，守护、激励和教导着每个人的自我。这世间有很多人，一边宣扬着自身的真诚，一边拿着放大镜搜寻着纯真的踪迹，想要将纯真一网打尽。为了让纯真从我们的教育中、思想中，甚至生命中彻底消失，他们不惜将魔掌伸向了梦想。他们以为，这样做就可以让孩子们快点成熟起来，但实际上，这样做的结果是孩子不再是孩子了。果农摘下了花朵，他不但收获不了果实，还辜负了往日美好的花香、鸟鸣和春日。

淳朴的事物，是值得我们宽厚相待的。我们理应让孩子们保持纯真之心，让简单而富有哲理的寓言和传说、歌谣和童话代代相传。人一旦失去了发现美好的能力，就如同鸟儿失去了赖以生存的翅膀。孩子的守护者们，莫要替孩子们关上心门，拒绝纯真的到访。只有这样，他们才能培养起足够的能力，在未来的道路上，欣赏到淳朴简单的风光，而这些风光是刻板的教育无法带给他们的。

▲ 帮助孩子守护纯真之心，
因为那将是孩子最大的财富。

总结

　　简单，充满了魔力。它让暴戾销声匿迹，让伤痕逐渐愈合，让人类社会充满手足之情。在这个世界上，简单的"样貌"无穷无尽；它让人们克服了重重障碍，放弃了地位、利益和偏见，彼此理解，彼此尊重，彼此关爱；它是社会的纽带，连接着你、我和他！

　　简单的生活，多么值得我们追寻啊！

图书在版编目（CIP）数据

　　简单的哲学 /（法）查尔斯·瓦格纳著；陈明译
. -- 北京：中华工商联合出版社，2022.6
　　ISBN 978-7-5158-3418-4

　　Ⅰ.①简… Ⅱ.①查… ②陈… Ⅲ.①人生哲学—通
俗读物 Ⅳ.① B821-49

　　中国版本图书馆 CIP 数据核字（2022）第 070556 号

简单的哲学

作　　　者：	（法）查尔斯·瓦格纳
译　　　者：	陈　明
出 品 人：	李　梁
图 书 策 划：	蓝色畅想
责 任 编 辑：	吴建新　关山美
装 帧 设 计：	胡椒书衣
责 任 审 读：	付德华
责 任 印 制：	迈致红
出 版 发 行：	中华工商联合出版社有限责任公司
印　　　刷：	北京市兆成印刷有限责任公司
版　　　次：	2022年7月第1版
印　　　次：	2022年7月第1次印刷
开　　　本：	710mm×1000mm　1/16
字　　　数：	190千字
印　　　张：	14
书　　　号：	ISBN 978-7-5158-3418-4
定　　　价：	68.00元

服务热线：010-58301130-0（前台）

销售热线：010-58302977（网店部）
　　　　　010-58302166（门店部）
　　　　　010-58302837（馆配部、新媒体部）
　　　　　010-58302813（团购部）

地址邮编：北京市西城区西环广场A座
　　　　　19-20层，100044

http://www.chgscbs.cn

投稿热线：010-58302907（总编室）

投稿邮箱：1621239583@qq.com

凡本社图书出现印装质量问题，
请与印务部联系。

联系电话：010-58302915